高等院校信息与通信工程实验实训教材

“卓越工程师教育培养计划”系列教材

移动通信实训教程

李振松　李学华　主编

北京邮电大学出版社
www. buptpress. com

内 容 简 介

本书在介绍 TD-SCDMA 标准技术的基础上，结合第三代移动通信实训平台，侧重于对 TD-SCDMA 系统无线接入网的结构设计、配置操作与运营管理的介绍，力求通过实际的设计配置案例使读者掌握 TD-SCDMA 系统的设计、配置和运营实践操作技术。

全书共分为 7 个实训单元，其中实训 1～5 介绍 TD-SCDMA 系统中 RNC 网元的各项配置操作技术；实训 6 介绍 TD-SCDMA 系统运营中的动态数据管理；实训 7 介绍 Node B 网元的各项配置操作技术。

本书可以作为高等学校电子信息类专业本科生的教材，也可以作为从事 3G 工作的技术人员岗前培训教材。

图书在版编目（CIP）数据

移动通信实训教程 / 李振松，李学华主编. -- 北京：北京邮电大学出版社，2014.7
ISBN 978-7-5635-4036-5

Ⅰ. ①移… Ⅱ. ①李… ②李… Ⅲ. ①移动通信－教材 Ⅳ. ①TN929.5

中国版本图书馆 CIP 数据核字（2014）第 138075 号

书　　名：移动通信实训教程
著作责任者：李振松　李学华　主 编
责 任 编 辑：徐夙琨
出 版 发 行：北京邮电大学出版社
社　　址：北京市海淀区西土城路 10 号(邮编：100876)
发 行 部：电话：010-62282185　传真：010-62283578
E-mail：publish@bupt.edu.cn
经　　销：各地新华书店
印　　刷：北京鑫丰华彩印有限公司
开　　本：787 mm×1 092 mm　1/16
印　　张：10.75
字　　数：263 千字
印　　数：1—3 000 册
版　　次：2014 年 7 月第 1 版　2014 年 7 月第 1 次印刷

ISBN 978-7-5635-4036-5

定　价：22.00 元

· 如有印装质量问题，请与北京邮电大学出版社发行部联系 ·

前　言

随着第三代(3G)移动通信系统的全面商用部署，移动通信领域全面进入3G时代。由我国提出的具有自主知识产权的TD-SCDMA标准成为3G三大主流标准之一，目前已在国际范围内由多家大型运营商(包括中国移动)完成了商用部署。3G人才，特别是TD系统人才已经成为我国通信市场最紧缺、最迫切需要的人才类型之一。

为适应通信工程"卓越计划"人才的培养要求，作者从工程实际的角度出发，结合学校移动通信实训教学实际，特编写本教程。本教程基于北京信息科技大学-中兴通讯TD-SCDMA系统平台，在与当前运营商完全相同的商用设备上进行实际操作训练，结合TD-SCDMA系统基本理论、系统配置和维护技术，介绍了TD-SCDMA系统的基本原理和系统网络架构，详细介绍了系统配置流程和具体配置操作方法。教程包含RNC配置管理、公共资源配置、RNC物理设备配置、局向配置、无线参数相关配置、动态数据管理和Node B配置和管理7个实训内容。

"移动通信实训"是"移动通信"理论课的实践教学环节。该实训以实际的移动通信系统配置的方式来加深、扩展移动通信理论知识，着重体现移动通信教学知识的运用，提高学生对移动通信系统的认识和运行维护的工程实践能力。本教程为"移动通信实训"的实践教学参考书，适用于通信工程、电子信息工程等本科专业课程教学的使用，也可作为移动通信工程技术人员的参考书。

本书在编写过程中参考和借鉴了中兴通讯股份有限公司《TD-SCDMA移动通信技术》和《TD-SCDMA技术设备与调测实习手册》等相关资料，在此对中兴通讯表示衷心的感谢。北京信息科技大学的崔宏伟、胡文娟、戴子纬和冷冶等同学参与了资料整理工作，在此特表感谢。

本书获得了以下项目资助：北京市专项-PXM2014_014224_000050本科生培养-人才培养模式创新试验项目-通信工程专业卓越计划试点改革(市级)，其他项目-促进人才培养综合改革项目-教学改革项目-信息与通信工程学院。

由于编者的水平有限，时间仓促，本书中可能有表述不当或错误之处，恳请读者指正。

编　者

目　　录

概论

TD-SCDMA 系统概述

TD-SCDMA(Time Division-Synchronous Code Division Multiple Access)作为中国提出的第三代移动通信标准，自 1998 年正式向 ITU(国际电联)提交以来，经历了十多年的时间，完成了标准的专家组评估、ITU 认可并发布、与 3GPP(第三代伙伴项目)体系的融合、新技术特性的引入等一系列的国际标准化工作，从而使 TD-SCDMA 标准成为第一个由中国提出、以我国知识产权为主、被国际上广泛接受和认可的无线通信国际标准。

第三代移动通信系统(3rd Generation，3G)，国际电联也称其为 IMT-2000(International Mobile Telecommunications in the year 2000)，欧洲的电信业则称其为 UMTS(Universal Mobile Telecommunications System，通用移动通信系统)，包括 WCDMA、TD-SCDMA 和 CDMA2000 三大标准。

1999 年 11 月召开的国际电联芬兰会议确定了第三代移动通信无线接口技术标准，并于 2000 年 5 月举行的 ITU-R 2000 年全会上最终批准通过，此标准包括码分多址(CDMA)和时分多址(TDMA)两大类五种技术。它们分别是：WCDMA、CDMA2000、CDMA TDD、UWC-136 和 EP-DECT。其中，前三种基于 CDMA 技术为目前所公认的主流技术，它又分成频分双工(FDD)和时分双工(TDD)两种方式。TD-SCDMA 属 CDMA TDD 技术。

CDMA TDD 技术包括欧洲的 UTRAN TDD 和我国提出的 TD-SCDMA 技术。在 IMT-2000 中，TDD 拥有自己独立的频谱(1785～1805 MHz)，并部分采用了智能天线或上行同步技术，适合高密度低速接入、小范围覆盖、不对称数据传输。2001 年 3 月，3GPP 通过 R4 版本，并确定了由我国大唐电信提出的 TD-SCDMA 为正式标准。我国提出的 TD-SCDMA 标准在技术上有着巨大的优势，这些优势就是，第一，TD-SCDMA 有最高的频谱利用率，因为该标准是一种时分双工(TDD)的移动通信系统，只用一段频率就可完成通信的收信和发信，而 WCDMA 和 CDMA2000 采用的都是频分双工(FDD)的移动通信系统，需要两段不同的频率才能完成通信的收信和发信；第二，TD-SCDMA 采用了世界领先的智能天线技术，基站天线可以自动追踪用户手机的方向，使通信效率更高，干扰更少，设备成本更低。另一方面，我国政府和运营商给予我国提出的 3G 标准以巨大的支持，同时，大唐集团也采取了广泛的联合策略，与西门子公司结成战略联盟，发挥双方各自的技术优势，使这一起步较晚的标准得到了广泛的支持。同时，为了与世界融合，大唐集团也在标准上做出了一定的让步，如修改了一些技术参数等。

0.1 TD-SCDMA 系统结构

UMTS 是采用 TD-SCDMA 空中接口技术的第三代移动通信系统，通常也把 UMTS 系统称为TD-SCDMA通信系统。UMTS系统采用了与第二代移动通信系统类似的结构，包括无线接入网络（Radio Access Network，RAN）和核心网络（Core Network，CN）。其中RAN用于处理所有与无线有关的功能，而CN处理UMTS系统内所有的话音呼叫和数据连接，并实现与外部网络的交换和路由功能。CN从逻辑上分为电路交换域（Circuit Switched Domain，CS）和分组交换域（Packet Switched Domain，PS）。UTRAN（UMTS的陆地无线接入网络）、CN与用户设备（User Equipment，UE）一起构成了整个UMTS系统。其系统结构如图0.1所示。

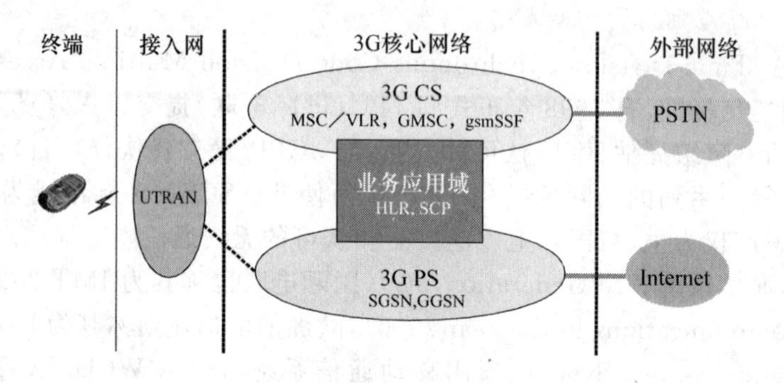

图0.1　UMTS的系统结构

从3GPP R99标准的角度来看，UE和UTRAN由全新的协议构成，其设计基于TD-SCDMA无线技术。而CN则采用了GSM/GPRS的定义，这样可以实现网络的平滑过渡，此外在第三代网络建设的初期可以实现全球漫游。

0.1.1　UMTS系统网络构成

UMTS网络单元构成如图0.2所示。

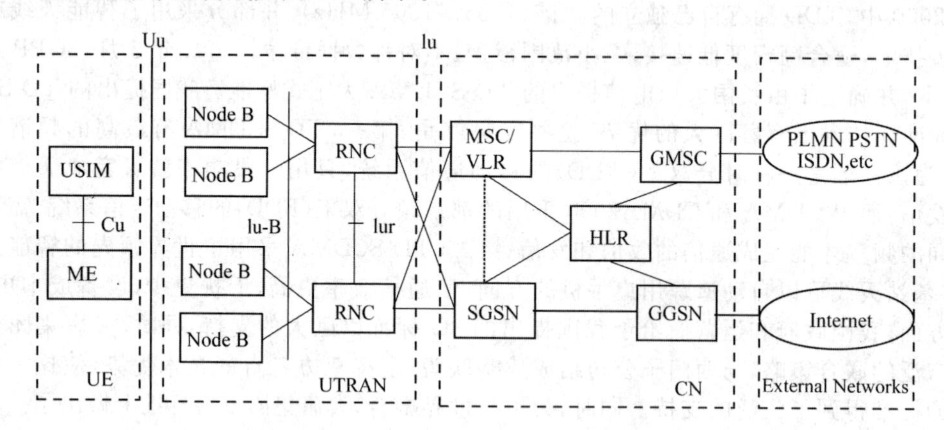

图0.2　UMTS网络单元构成示意图

从图0.2中可以看出，UMTS系统的网络单元包括如下部分：

1. UE

UE (User Equipment)是用户终端设备，它通过Uu接口与网络设备进行数据交互，为用户提供电路域和分组域内的各种业务功能，包括普通话音、数据通信、移动多媒体、Internet应用等。UE包括两部分：移动设备（Mobile Equipment，ME），它提供应用和服务；用户业务识别模块(UMTS Subscriber Identity Module,USIM),它提供用户身份识别。

2. UTRAN

UTRAN(UMTS Terrestrial Radio Access Network),即 UMTS 陆地无线接入网,分为基站(Node B)和无线网络控制器(Radio Network Controller,RNC)两部分。

1) Node B

Node B 是 TD-SCDMA 系统的基站(即无线收发信机),通过标准的 Iu-B 接口和 RNC 互连,主要完成 Uu 接口物理层协议的处理。它的主要功能是扩频、调制、信道编码及解扩、解调、信道解码,还包括基带信号和射频信号的相互转换等功能。

2) RNC

RNC 是无线网络控制器,主要完成连接建立和断开、切换、宏分集合并、无线资源管理控制等功能。具体功能如下:

(1) 执行系统信息广播与系统接入控制;

(2) 切换和 RNC 迁移等移动性管理;

(3) 宏分集合并、功率控制、无线承载分配等无线资源管理和控制。

3. CN

CN(Core Network),即核心网,负责与其他网络的连接和对 UE 的通信和管理。在 CMDA 系统中,不同协议版本的核心网设备有所不同。从总体上来说,R99 版本的核心网分为电路域和分组域两大块,R4 版本的核心网也一样,只是把 R99 电路域中的 MSC 的功能改由两个独立的实体——MSC Server 和 MGW 来实现。R5 版本的核心网相对 R4 来说增加了一个 IP 多媒体域,其他的与 R4 基本一样。

0.1.2 UTRAN 的结构和接口

UTRAN 的结构如图 0.3 所示,UTRAN 包含一个或几个无线网络子系统(RNS)。一个 RNS 由一个 RNC 和一个或多个 Node B 组成。RNC 与 CN 之间的接口是 Iu 接口,Node B 和 RNC 通过 Iu-B 接口连接。在 UTRAN 内部,RNC 之间通过 Iur 互联,Iur 可以通过 RNC 之间的直接物理连接或通过传输网连接。RNC 用来分配和控制与之相连或相关的 Node B 的无线资源, Node B 则完成 Iu-B 接口和 Uu 接口之间的数据流的转换,同时也参与一部分无线资源管理。

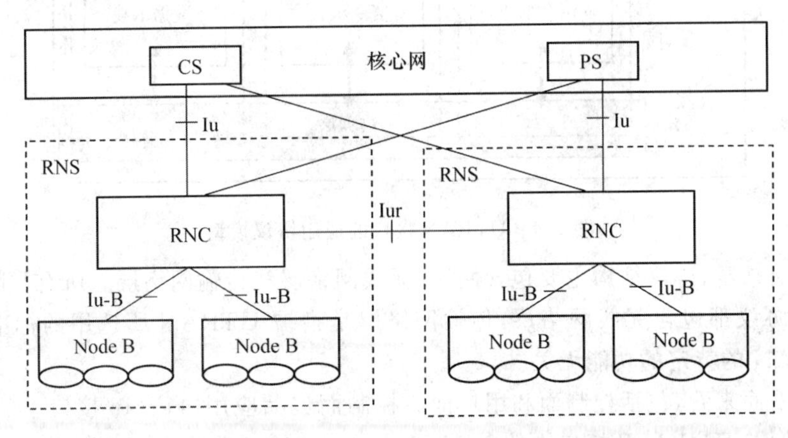

图 0.3 UTRAN 的结构

UTRAN 主要有如下接口：

1. Cu 接口

Cu 接口是 USIM 卡和 ME 之间的电气接口，Cu 接口采用标准接口。

2. Uu 接口

Uu 接口是 TD-SCDMA 的无线接口。UE 通过 Uu 接口接入到 UMTS 系统的固定网络部分，可以说 Uu 接口是 UMTS 系统中最重要的开放接口。

3. Iur 接口

Iur 接口是连接 RNC 之间的接口，它是 UMTS 系统特有的接口，用于对 RAN 中移动台的移动管理。比如在不同的 RNC 之间进行软切换时，移动台的所有数据都是通过 Iur 接口从正在工作的 RNC 传到候选的 RNC。Iur 是开放的标准接口。

4. Iu-B 接口

Iu-B 接口是连接 Node B 与 RNC 的接口，它也是一个开放的标准接口。Iu-B 接口使与之相连接的 RNC 与 Node B 可以分别由不同的设备制造商提供。

5. Iu 接口

Iu 接口是连接 UTRAN 和 CN 的接口，类似于 GSM 系统的 A 接口和 Gb 接口。Iu 接口是一个开放的标准接口，使与之相连接的 UTRAN 和 CN 可以分别由不同的设备制造商提供。Iu 接口可以分为电路域的 Iu-CS 接口和分组域的 Iu-PS 接口。

UTRAN 各个接口的协议结构是按照一个通用的协议模型设计的，设计的原则是层和面在逻辑上相互独立，如果需要，可以修改协议结构的一部分而无须改变其他部分，如图 0.4所示。

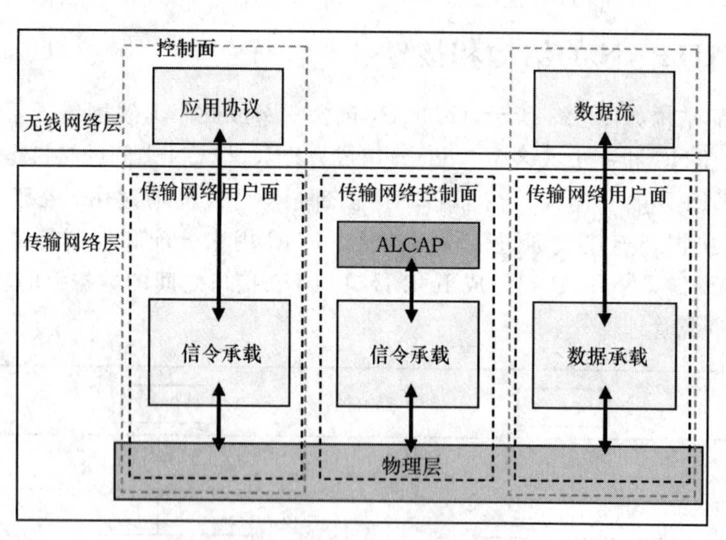

图 0.4　UTRAN 接口的通用协议模型

从水平层来看，协议结构主要包含两层：无线网络层和传输网络层。所有与陆地无线接入网有关的协议都包含无线网络层，传输网络层是指被 UTRAN 所选用的标准的传输技术，与 UTRAN 的特定的功能无关。

从垂直平面来看，包括控制面和用户面。控制面包括应用协议（Iu 接口中的 RANAP，Iur 接口中的 RNSAP，Iu-B 接口中的 NBAP）及用于传输这些应用协议的信令承载。应用协议用于建立到 UE 的承载(例如在 Iu 中的无线接入承载及在 Iur、Iu-B 中的无线链路),而这些应用协议的信令承载与接入链路控制协议(ALCAP)的信令承载可以一样也可以不一样,它通过 O&M 操作建立。

用户面包括数据流和用于承载这些数据流的数据承载。用户发送和接收的所有信息(例如话音和数据)是通过用户面来进行传输的。传输网络控制面在控制面和用户面之间,只在传输层,不包括任何无线网络控制平面的信息。它包括 ALCAP 协议(接入链路控制协议)和 ALCAP 所需的信令承载。ALCAP 建立用于用户面的传输承载,引入传输网络控制面,使得在无线网络层控制面的应用协议的完成与用户面的数据承载所选用的技术无关。

在传输网络中,用户面中数据面的传输承载是这样建立的:在控制面里的应用协议先进行信令处理,这一信令处理通过 ALCAP 协议触发数据面的数据承载的建立。并非所有类型的数据承载的建立都需通过 ALCAP 协议。如果没有 ALCAP 协议的信令处理,就无须传输网络控制面,而应用预先设置好的数据承载。ALCAP 的信令承载与应用协议的信令承载可以一样也可以不一样。ALCAP 的信令承载通常是通过 O&M 操作建立的。

在用户面里的数据承载和应用协议里的信令承载属于传输网络用户面。在实时操作中,传输网络用户面的数据承载是由传输网络控制面直接控制的,而建立应用协议的信令承载所需的控制操作属于 O&M 操作。

0.1.3 R99 网络结构及接口

为了确保 GSM/GPRS/3G 的平滑过渡,在 R99 网络结构设计中充分考虑了 2G/3G 兼容性问题,因此,在网络中 CS 域和 PS 域是并列的,R99 核心网设备包括:MSC/VLR、IWF、SGSN、GGSN、HLR/AuC、EIR 等。为了支持 3G 业务,有些设备增添了相应的接口协议,另外对原有的接口协议进行了改进。图 0.5 是 R99 网络结构图(包括 CS 域和 PS 域),图中所有功能实体都可作为独立的物理设备。

R99 中 CS 域的功能实体包括:MSC、VLR 等,其中,运营商可以根据连接方式的不同将 MSC 设置为 GMSC、SM-GMSC、SM-IWMSC 等,为实现网络互通,在系统中配置 IWF(一般结合于 MSC)。

除上述功能实体之外,PS 域特有的功能实体包括 SGSN 和 GGSN,为用户提供分组数据业务。HLR、AuC、EIR 为 CS 域和 PS 域共用设备。

R99 的主要功能实体包括:

1. 移动交换中心(MSC)

MSC 为电路域特有的设备,用于连接无线系统(包括 BSS、RNS)和固定网。MSC 完成电路型呼叫所有功能,如控制呼叫接续,管理 MS 在本网络内或与其他网络(如 PSTN/ISDN/PSPDN、其他移动网等)的通信业务,并提供计费信息。

2. 拜访位置寄存器(VLR)

VLR 为电路域特有的设备,存储进入该控制区域内已登记用户的相关信息,为移动用户提供呼叫接续的必要数据。当 MS 漫游到一个新的 VLR 区域后,该 VLR 向 HLR 发起位置登记,并获取必要的用户数据;当 MS 漫游出控制范围后,需要删除该用户数据,因此 VLR 可看作为一个动态数据库。一个 VLR 可管理多个 MSC,但在实现中通常都将 MSC 和 VLR 合为一体。

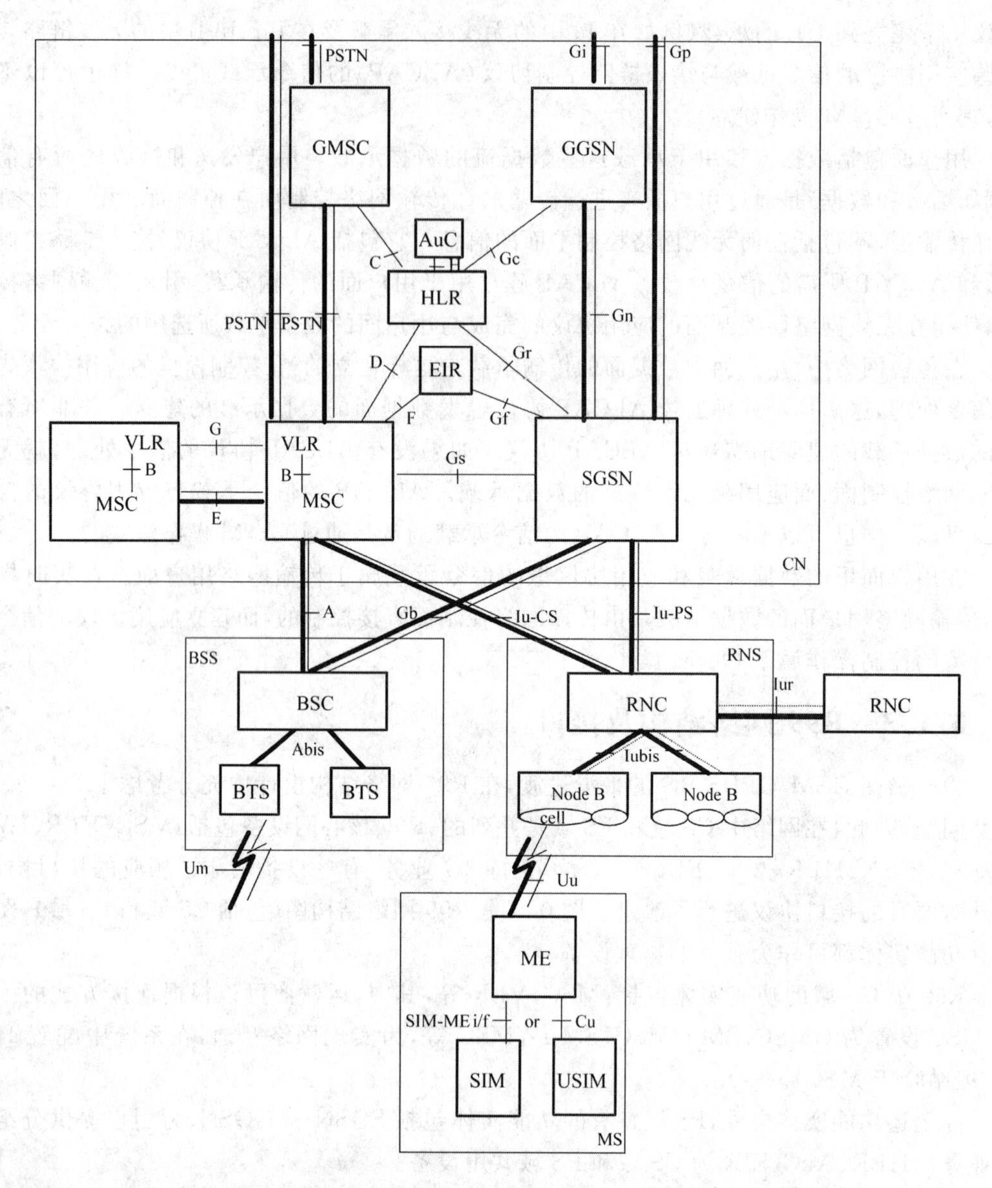

粗线:表示支持用户业务的接口;细线:表示支持信令的接口

图 0.5　R99 网络结构图

3. 归属位置寄存器(HLR)

HLR 为 CS 域和 PS 域共用设备,是一个负责管理移动用户的数据库系统。PLMN 可以包含一个或多个 HLR,具体配置方式由用户数、系统容量,以及网络结构所决定。HLR 存储本归属区的所有移动用户数据,如识别标志、位置信息、签约业务等。当用户漫游时,HLR 接收新位置信息,并要求前 VLR 删除用户所有数据;当用户被叫时,HLR 提供路由信息。

4. 鉴权中心(AuC)

AuC 为 CS 域和 PS 域共用设备,是存储用户鉴权算法和加密密钥的实体。AuC 将鉴权和加密数据通过 HLR 发往 VLR、MSC 以及 SGSN,以保证通信的合法和安全。每个

AuC和对应的HLR关联，只通过该HLR和外界通信。通常AuC和HLR结合在同一物理实体中。

5. 设备识别寄存器(EIR)

EIR为CS域和PS域共用设备，存储系统中使用的移动设备的国际移动设备识别码(IMEI)。其中，移动设备被划分为"白"、"灰"、"黑"三个等级，并分别存储在相应的表格中。目前中国没有用到该设备。一个最小化的EIR可以只包括最小"白表"(设备属于"白"等级)。

6. 网关MSC(GMSC)

GMSC是电路域特有的设备。GMSC作为系统与其他公用通信网之间的接口，同时还具有查询位置信息的功能，如MS被呼时，网络如不能查询该用户所属的HLR，则需要通过GMSC查询，然后将呼叫转接到MS目前登记的MSC中。哪些MSC可作为GMSC由运营商决定，如部分的MSC或所有的MSC。

7. 服务GPRS支持节点(SGSN)

SGSN为PS域特有的设备，SGSN提供核心网与无线接入系统BSS、RNS的连接，在核心网内，SGSN与GGSN/GMSC/HLR/EIR/SCP等均有接口。SGSN完成分组型数据业务的移动性管理、会话管理等功能，管理MS在移动网络内的移动和通信业务，并提供计费信息。

8. 网关GPRS支持节点(GGSN)

GGSN也是分组域特有的设备。GGSN作为移动通信系统与其他公用数据网之间的接口，同时还具有查询位置信息的功能。如MS被呼时，数据先到GGSN，再由GGSN向HLR查询用户的当前位置信息，然后将呼叫转接到目前登记的SGSN中。GGSN也提供计费接口。

R99中核心网的接口协议如表0.1所示。

表0.1 R99核心网的接口名称与含义

接口名	连接实体	信令与协议
A	MSC——BSC	BSSAP
Iu-CS	MSC——RNS	RANAP
B	MSC——VLR	
C	MSC——HLR	MAP
D	VLR——HLR	MAP
E	MSC——MSC	MAP
F	MSC——EIR	MAP
G	VLR——VLR	MAP
Gs	MSC——SGSN	BSSAP+
H	HLR——AuC	
	MSC——PSTN/ISDN/PSPDN	TUP/ISUP
Ga	GSN——CG	GTP'
Gb	SGSN——BSC	BSSGP
Gc	GGSN——HLR	MAP
Gd	SGSN——SMS-GMSC/IWMSC	MAP

续 表

接口名	连接实体	信令与协议
Ge	SGSN——SCP	CAP
Gf	SGSN——EIR	MAP
Gi	GGSN——PDN	TCP/IP
Gp	GSN——GSN(Inter PLMN)	GTP
Gn	GSN——GSN(Intra PLMN)	GTP
Gr	SGSN——HLR	MAP
Iu-PS	SGSN——RNC	RANAP

0.1.4 R4 网络结构及接口

3GPP R4 网络结构与 R99 相比，主要变化在核心网的电路域提出来承载独立的核心网。图 0.6 是 R4 版本的基本网络结构，图中所有功能实体都可作为独立的物理设备。关于 Nb、Mc 和 Nc 等接口的标准包括在 23.205 和 29-系列的技术规范中。

在实际应用中一些功能可能会结合到同一个物理实体中，如 MSC/VLR、HLR/AuC 等，使得某些接口成为内部接口。

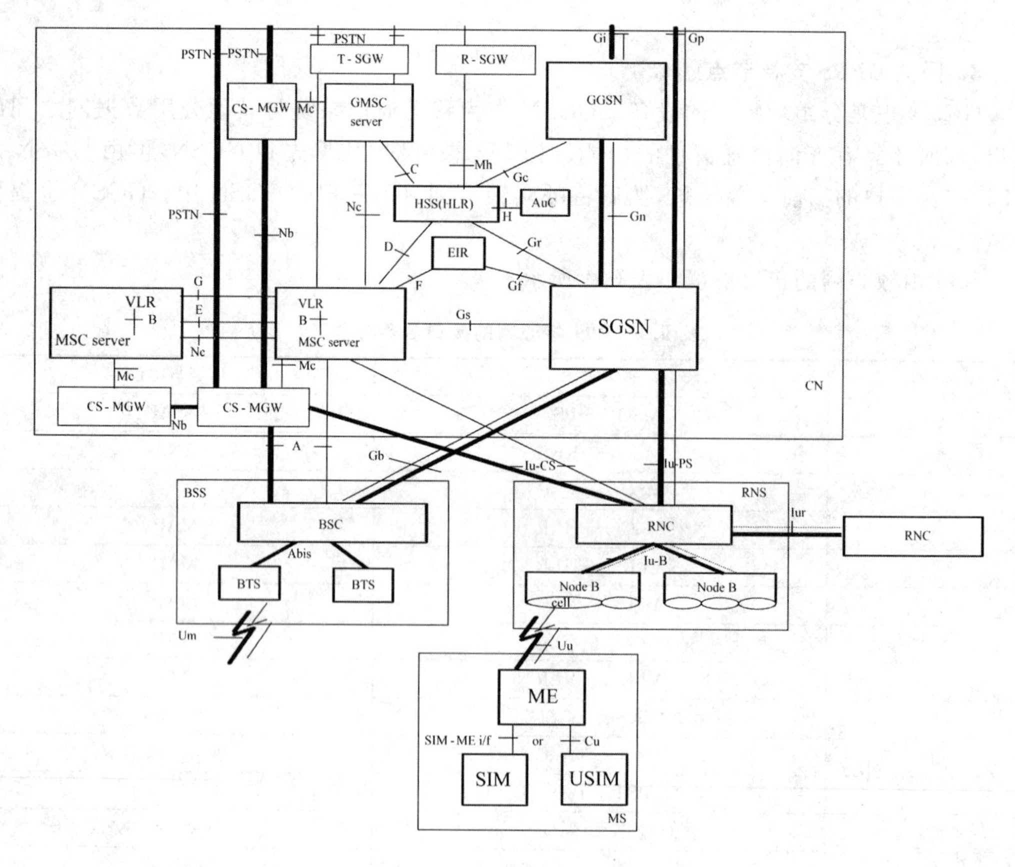

粗线：支持用户业务的接口；细线：支持信令的接口

图 0.6 R4 的网络结构图

R4版本中PS域的功能实体SGSN和GGSN没有改变，与外界的接口也没有改变。CS域的功能实体仍然包括MSC、VLR、HLR、AuC、EIR等设备，相互间关系也没有改变。但为了支持全IP网的发展需要，R4版本中CS域实体有所变化。

1. MSC的结构变化

MSC根据需要可分成两个不同的实体：MSC服务器（MSC Server），仅用于处理信令；电路交换媒体网关（CS-MGW），用于处理用户数据。

MSC Server和CS-MGW共同完成MSC功能。对应的GMSC也分成GMSC Server和CS-MGW。

1）MSC服务器

MSC Server主要由MSC的呼叫控制和移动控制组成，负责完成CS域的呼叫处理等功能。MSC Server终接用户-网络信令，并将其转换成网络-网络信令。MSC Server也可包含VLR以处理移动用户的业务数据和CAMEL相关数据。

MSC Server可通过接口控制CS-MGW中媒体通道的关于连接控制的部分呼叫状态。

2）电路交换媒体网关

CS-MGW是PSTN/PLMN的传输终接点，并且通过Iu接口连接核心网和UTRAN。CS-MGW可以是从电路交换网络来的承载通道的终接点，也可以是分组网来的媒体流（例如，IP网中的RTP流）的终接点。在Iu接口上，CS-MGW可支持媒体转换、承载控制和有效载荷处理（例如，多媒体数字信号编解码器、回音消除器、会议桥等），可支持CS业务的不同Iu选项（基于AAL2/ATM，或基于RTP/UDP/IP）。

CS-MGW与MSC服务器和GMSC服务器相连，进行资源控制，拥有回音消除器等资源，还有多媒体数字信号编解码器资源。CS-MGW可具有必要的资源以支持UMTS/GSM传输媒体。进一步，可要求H.248裁剪器支持附加的多媒体数字信号编解码器和成帧协议等。CS-MGW的承载控制和有效载荷处理能力也用于支持移动性功能，如SRNS重分配/切换和定位。目前期待H.248标准机制可运用于支持这些功能。

2. HLR可更新为归属用户服务器（HSS）

当网络具有IM子系统时需要利用HSS替代HLR。HSS是网络中移动用户的主数据库，存储支持网络实体完成呼叫/会话处理相关的业务信息，例如HSS通过进行鉴权授权名称/地址解析位置依赖等，以支持呼叫控制服务器能顺利完成漫游/路由等流程。和HLR一样，HSS负责维护管理有关用户识别码地址、信息安全、信息位置、信息签约服务等用户信息，基于这些信息HSS可支持不同控制系统。

3. R4新增漫游信令网关（R-SGW）实体

在基于No.7信令的R4之前的网络，和基于IP传输信令的R99之后的网络之间，R-SGW完成传输层信令的双向转换（Sigtran SCTP/IP对No.7 MTP）。R-SGW不对MAP/CAP消息进行翻译，但对SCCP层之下的消息进行翻译，以保证信令能够正确传送。

为支持R4版本之前的CS终端，R-SGW实现不同版本网络中MAP-E和MAP-G消息的正确互通。也就是保证R4网络实体中基于IP传输的MAP消息，与MSC/VLR（R4版本前）中基于No.7传输的MAP消息能够互通。

图0.6中T-SGW（信令传输网关）是在具有HSS（归属用户服务器）时才有的，而HSS在R4中不是必需的。在R4网络中也新增一些接口协议，如表0.2所示。

表 0.2　R4 核心网外部接口名称与含义

接口名	连接实体	信令与协议
A	MSC——BSC	BSSAP
Iu-CS	MSC ——RNS	RANAP
B	MSC——VLR	
C	MSC——HLR	MAP
D	VLR——HLR	MAP
E	MSC——MSC	MAP
F	MSC——EIR	MAP
G	VLR——VLR	MAP
Gs	MSC——SGSN	BSSAP+
H	HLR——AuC	
	MSC——PSTN/ISDN/PSPDN	TUP/ISUP
Ga	SGSN——CG	GTP
Gb	SGSN——BSC	BSSGP
Gc	GGSN——HLR	MAP
Gd	SGSN——SM-GMSC/IWMSC	MAP
Ge	SGSN——SCP	CAP
Gf	SGSN——EIR	MAP
Gi	GGSN——PDN	TCP/IP
Gp	GSN——GSN(Inter PLMN)	GTP
Gn	GSN——GSN(Intra PLMN)	GTP
Gr	SGSN——HLR	MAP
Iu-PS	SGSN——RNC	RANAP
Mc	(G)MSC Server——CS-MGW	H.248
Nc	MSC Server——GMSC Server	ISUP/TUP/BICC
Nb	CS-MGW ——CS-MGW	
Mh	HSS——R-SGW	

0.2　移动通信实训系统总体设计

0.2.1　进入实验系统步骤

确保实验电脑网络连接无误，设置 IP 地址为 129.0.111.25/255.255.255.0。打开桌面服务器控制台，等待服务台启动成功后，打开启动客户端软件，设置登录用户名为 admin，密码为空，服务器 IP 地址为 127.0.0.1，确定后进入 TD-SCDMA 操作维护控制系统，可以开始实验。

0.2.2 TD 实验局系统结构设计

根据 0.1 节所介绍的 TD-SCDMA 系统协议，为进行 TD 系统实训，需要先行设计一个 TD 实验局系统。考虑到系统功能的完整性和简洁性，设计实验局系统的简化结构图如图 0.7 所示。

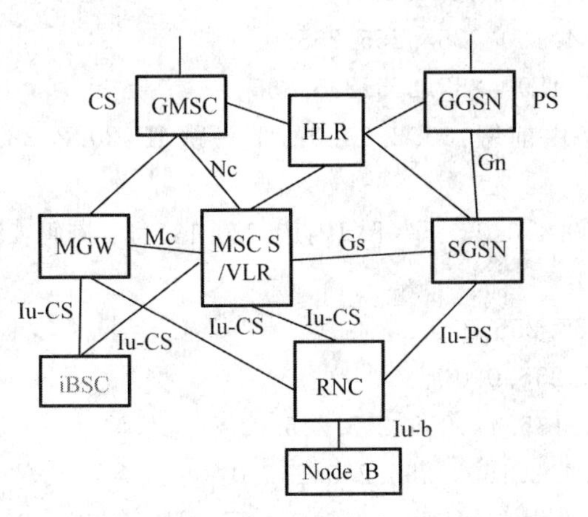

MSC S：移动交换中心服务器
RNC：无线网络控制器
Node B：基站
HLR：归属位置寄存器
SGSN：GPRS服务支持节点
GGSN：网关GPRS支持节点
GMSC：网关移动交换中心
MGW：媒体网关
CS：电路交换

图 0.7 TD 实验局系统结构设计简图

从图中可以看出，该系统只有一个 RNC 和一个 Node B 网元，因此这是一个 TD-SCDMA 系统的最小系统结构。本实训的配置过程中不需要进行邻接 RNC 或 Node B 的配置。

0.2.3 TD&GSM 移动通信系统相关配置地址

根据 TD-SCDMA 系统协议和以上的 TD 实验局系统结构设计简图，可以为 TD 实验局系统配置相关网元和设备地址如下：

1. 核心网各网元 IP 地址

1）HLR(归属位置寄存器)

前台 OMP 地址：129.0.31.5 255.255.0.0

服务器地址：129.0.0.129 255.255.0.0

2）MSCS(移动业务交换中心)

前台 OMP 地址：129.0.31.1 255.255.0.0

服务器地址：129.0.10.129 255.255.0.0

SIPI 接口地址：1.1.1.10(实地址) 255.255.0.0(掩码) 1.1.1.1(虚地址) 255.255.255.255(掩码)

3）MGW(媒体网关)

前台 OMP 地址：129.0.31.2 255.255.0.0

服务器地址：129.0.10.129 255.255.0.0

SIPI 接口地址：1.1.2.10(实地址) 255.255.0.0(掩码) 1.1.2.1(虚地址) 255.255.255.255(掩码)

4）SGSN(业务 GPRS 支持节点)

前台 OMP 地址：129.0.31.3 255.255.0.0

服务器地址:129.0.30.129　255.255.0.0

SGLP(GN 口接口地址):10.220.135.3　255.255.255.0

SGUP(IU 口用户面地址) 20.2.34.3　255.255.255.0

　　(GN 口用户面地址) 200.3.2.160　255.255.255.0

SIUP(IU 口接口地址):20.2.38.1　255.255.255.0

SGSP(GB 口用户面地址)200.3.4.160　255.255.255.0

LOOKBACK 环回地址:200.3.1.159　255.255.255.255

静态路由:到 RNC→静态网络路由前缀:30.2.33.0　下一跳 IP:20.2.38.4　掩码:255.255.255.0

到 GGSN→静态网络路由前缀:200.4.0.0　下一跳 IP:10.220.135.4　掩码:255.255.0.0

5) GGSN(网关 GPRS 支持节点)

前台 OMP 地址:129.0.31.4　255.255.0.0

服务器地址:129.0.30.129　255.255.0.0

GGLP(GN 口接口地址):10.220.135.4　255.255.255.0

GGUP(GN 口用户面地址):200.4.2.160　255.255.255.0

静态路由: 到 SGSN→静态网络路由前缀:200.3.0.0　下一跳 IP:10.220.135.3 掩码:255.255.0.0

6) DB 服务器

地址:129.0.0.138　255.255.0.0

7) 受理台

地址:129.0.0.150　255.255.0.0

8) PS 网页服务器

PDN 地址:10.220.135.250　255.255.0.0

2. 无线侧网元 IP 地址

1) RNC(无线网络控制器)

前台 OMP 地址(管理网元地址):129.0.31.6　255.255.0.0

服务器地址(SNTP 服务器地址):129.0.31.168　255.255.0.0

APBE(Iu-PS 接口地址):20.2.38.4　255.255.255.0

RUB 用户面地址:30.2.33.2　255.255.255.255

静态路由及点对点接口:静态网络路由前缀:20.2.34.0　下一跳 IP:20.2.38.1　掩码:255.255.255.0

2) Node B(收发信基站)

BBU(B326)

BCCS(主控板前台地址):100.193.1.254 (当 B8300 重启时用以 telnet 的 IP 地址)

激活智能天线的命令:ClkEmulateOn (当 telnet 到 BCCS 前台地址时输入此命令)

3) IBSC(基站控制器)

前台 OMP 地址:129.0.31.7　255.255.0.0

服务器地址:129.0.99.129　255.255.0.0

0.2.4 TD 实验局对接协商数据设计

进一步可设计 TD 实验局对接协商数据如表 0.3 所示。

表 0.3 TD 实验局对接协商数据表

产品类别	TD&GSM	局名	TD&GSM 实验局		开始日期	
测试手机号码呼叫字冠		8613002099	PLMN ID	46007	CC+NDC	86130

HLR 参数	属性
局号	5
本局 GT 号码	8613002005
本局信令点类型	24 位
本局信令点编码	3.5.1
9 路(1 口)E1(2M) To MSCS	SLC=1
10 路(2 口)E1(2M) To SGSN	SLC=3
MSCS 参数	**属性**
局号	1
本局 GT 号码	8613002001
本局信令点类型	24 位
MSCSERVER 信令点编码	3.10.1 (24 位) to RNC
本局信令点编码	1.85.1 (14 位) to iBSC
9 路(1 口)E1(2M) To HLR	SLC=1
MGW 参数(Iu-CS)	**属性**
局号	2
(Iu-CS)MGW 信令点类型	24 位
(Iu-CS)MGW 信令点编码	3.2.1
本局信令点编码	1.85.1 (14 位) to iBSC
ATM 地址	01.0101.0000.0000.0000.0000.0000.0000.0000.0000.00
AAL5(信令)对接 VPI/VCI	0/32(MGW) to 1/50(RNC)
AAL2(语音)对接 VPI/VCI	1/32(MGW) to 1/51(RNC)
SGSN 参数(Iu-PS)	**属性**
局号	3
本局 GT 号码	8613002003
(Iu-PS)信令点类型	24 位
(Iu-PS)信令点编码	3.108.1
AAL5(信令)对接 VPI/VCI(5#口)	0/33(SGSN) to 1/62(RNC)
AAL2(数据)对接 VPI/VCI(5#口)(即 IPOA 端口)	1/33(SGSN) to 1/63(RNC) 20.2.38.1 (SGSN) to 20.2.38.4 (RNC)
10 路(2 口)E1(2M) To HLR	SLC=3

续 表

产品类别	TD&GSM	局名	TD&GSM 实验局		开始日期	
测试手机号码呼叫字冠		8613002099	PLMN ID	46007	CC+NDC	86130

RNC 参数	属性
局号	6
本局信令点类型	24 位　中国移动　国内信令点编码
本局信令点编码	3.108.2
RNCID	6
用户面地址	30.2.33.2
APBE 接口板实地址	20.2.38.4
IPOA 端口	20.2.38.1 (SGSN) to 20.2.38.4 (RNC)
CS 信令链路组内编码 SLC	1
PS 信令链路组内编码 SLC	3
位置区码	0001
路由区码	02
网络外貌/标志字段	0 网络外貌无效
ATM 地址/编码类型(编码类型 NSAP)	02.0202.0000.0000.0000.0000.0000.0000.0000.0000.00
Node B 参数	**属性**
CELL_ID	51
AAL5(信令)对接 VPI/VCI	NCP:1/101　CCP:1/102(CCP 端口 1)　ALCAP:1/103
AAL2(数据)对接 VPI/VCI	1/104
ATM 地址/编码类型(编码类型 NSAP)	51.5151.0000.0000.0000.0000.0000.0000.0000.0000.00
iBSC 参数	**属性**
局号	7
本局信令点类型	14 位 中国电信 国内备用信令点编码
本局信令点编码	1.85.5
邻接局类型	MSCSERVER
邻接局信令点编码	1.85.1
信令链路组内编码 SLC	0
7 号 PCM	1
位置区码	0002
路由区码	02
网络外貌/标志字段	1 网络外貌有效
Gb 口配置	
NSE	1
NSVC	1
数据链路承载标识	100
起始时隙 / 接入速率	1/4

根据以上系统相关地址配置和对接协商数据,可画出系统无线侧网络连接详细结构图,如图 0.8 所示。

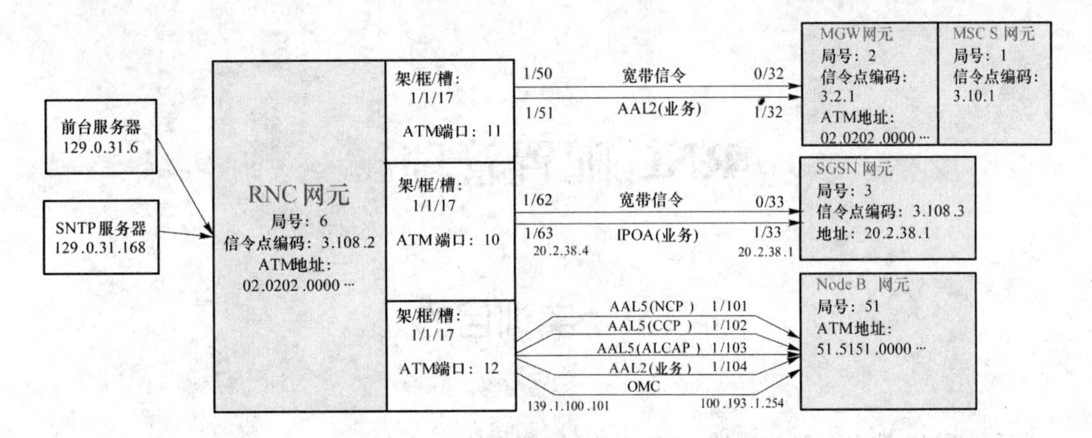

图 0.8 TD-SCDMA 系统无线侧网络连接结构图

根据以上设计的 TD 实验局系统结构,采用 TD-SCDMA 系统网管软件,就可以对 TD-SCDMA 系统的接入网各个网元节点进行配置,并在通过配置数据合法性检测后将配置文件上传至系统管理服务器写入系统设备实现对系统的配置和管理。

实训 1

RNC 配置管理

1.1 实训目的

了解 RNC 数据配置的管理，了解 RNC 网管系统的组成。

1.2 实训主要内容

- 网管客户端的启动和退出；
- 配置管理页面；
- 熟悉通用操作。

说明：

(1) RNC 配置管理的主要作用是管理 RNC 系统的各种资源数据和状态，为系统正常运行提供所需要的各种数据配置，从根本上决定 ZXTR RNC 系统的运行模式和状态。

(2) RNC 数据配置是指在无线操作维护中心 OMC(Operation & Maintenance Center) 和网元(这里指 RNC)之间建立联系，使用户能够通过网管软件页面，操纵 RNC 中的管理对象进行数据配置。

(3) RNC 配置管理的内容主要包括子网、管理单元、全局资源、物理设备、局向配置、服务小区、动态数据管理和软件版本管理等。

1.3 实训基本操作

1.3.1 网管客户端的启动和退出

1. 客户端的启动

在 ZXTR OMCR 服务器端运行正常的条件下，客户端的启动步骤如下。

(1) 在 Windows 操作系统中，选择[开始]→[程序]→[TD-SCDMA 网管软件]→[启动客户端]，如图 1.1 所示。

图 1.1 启动 ZXTR OMCR 客户端

(2) 单击[启动客户端]，客户端启动并成功连接服务器端后，出现登录页面如图 1.2 所示。输入正确的用户名、密码和服务器地址，单击[确定]按钮即可登录网管系统。

图 1.2 ZXTR OMCR 登录页面

登录用户名为 admin，密码为空，服务器 IP 地址为 127.0.0.1。

2. 客户端的退出

(1) 在网管系统页面，单击[系统]→[退出]，弹出提示框如图 1.3 所示。

图 1.3 ZXTR OMCR 退出对话框

(2) 单击[确定]按钮，退出网管客户端。

1.3.2 配置管理页面和通用操作

1. 进入配置管理页面

用户登录 ZXTR OMCR 后，有两种方法进入配置管理页面。

(1) 单击菜单栏[视图]→[配置管理]进入配置管理页面，如图 1.4 所示。

(2) 在[拓扑管理]物理视图拓扑对象树中的 Server[server]节点，右键选择并单击[导航到配置管理]，进入配置管理页面，如图 1.5 所示。

2. 配置管理页面介绍

配置管理视图页面如图 1.6 所示。

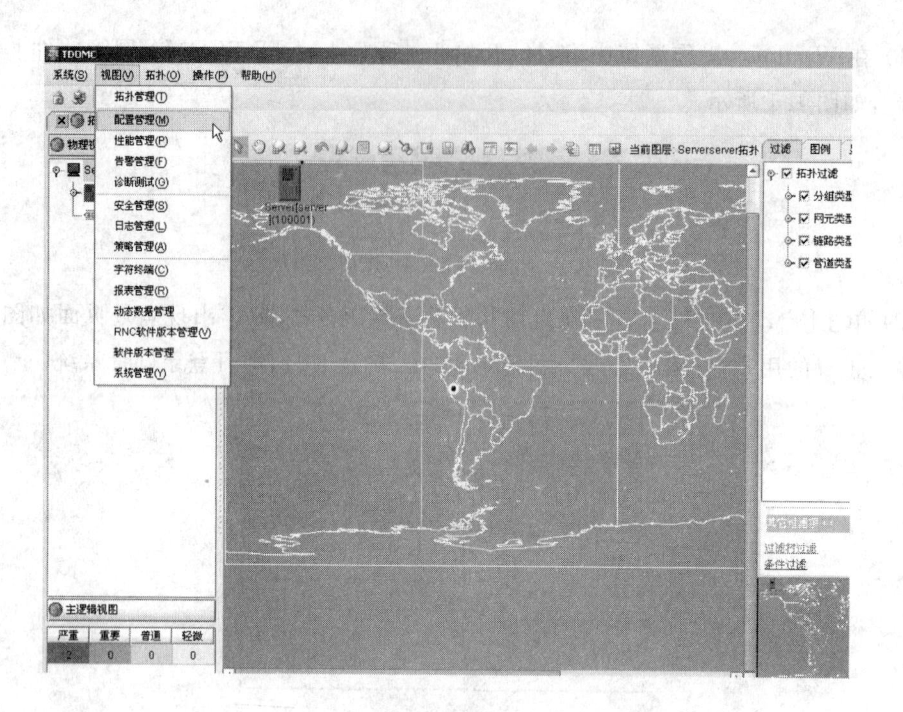

图 1.4　进入配置管理页面(方法 1)

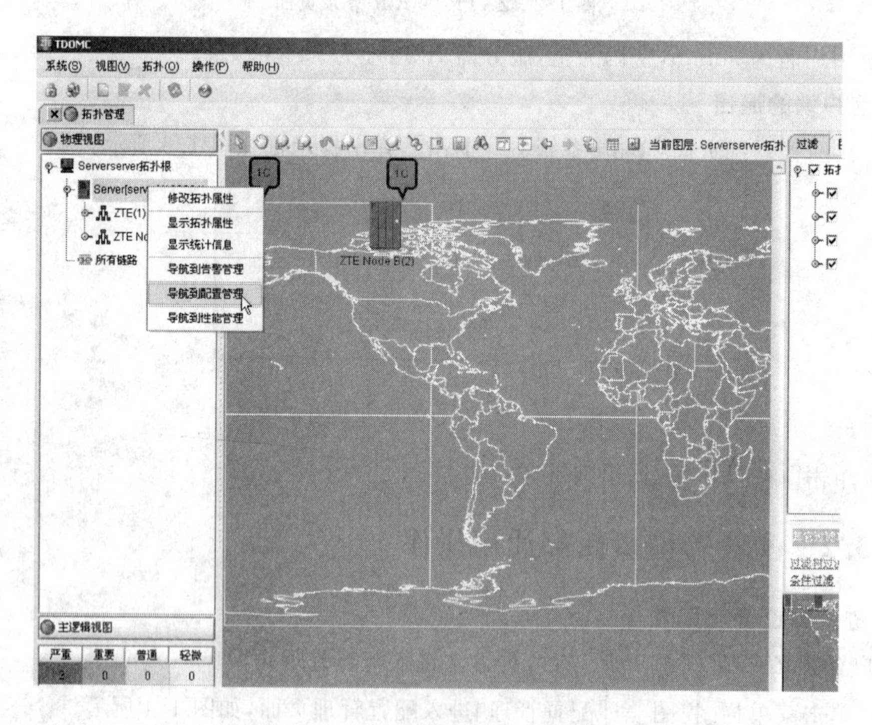

图 1.5　进入配置管理页面(方法 2)

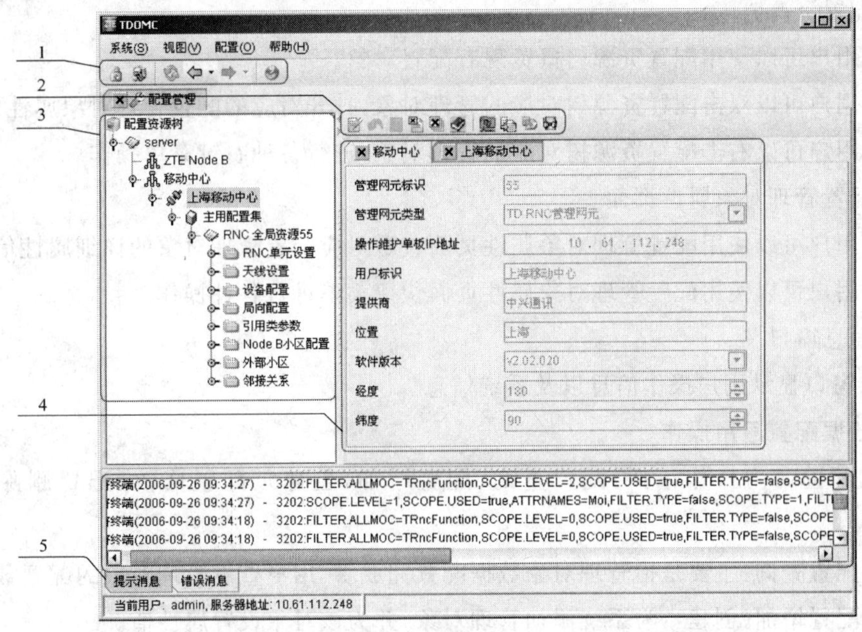

1 配置管理快捷菜单 2 配置管理对象快捷菜单 3 配置资源树

4 配置管理对象属性页面(以RNC管理网元这一管理对象为例) 5 消息窗口

图 1.6 配置管理页面

1）配置管理快捷菜单

配置管理快捷菜单如表 1.1 所示。

表 1.1 配置管理快捷菜单

快捷菜单	说明	快捷菜单	说明
	锁定屏幕		帮助主题
	注销		前进
	刷新		后退

2）配置管理对象快捷菜单

配置管理对象快捷菜单如表 1.2 所示。

表 1.2 配置管理对象快捷菜单

快捷菜单	说明	快捷菜单	说明
	修改		关闭
	取消		关闭所有属性页
	保存		帮助

注：配置管理对象快捷菜单根据具体的配置管理对象可能会有细微不同，用户将鼠标悬停在快捷按钮上立即会出现相应提示信息。该表的配置管理对象快捷菜单是以 RNC 配置这一配置管理对象为例。

3）配置资源树

（1）用户可以使用配置资源树概览现有配置对象。

（2）用户可以双击配置资源树对应的管理对象，打开对应的配置管理对象属性页面。

（3）用户可以右击配置资源树对应的管理对象，进行各种右键菜单操作。

4）配置管理对象属性页面

（1）用户可以使用配置管理对象属性页面查看对应配置管理对象的详细属性信息。

（2）用户可以使用配置管理对象属性页面快捷菜单进行各种操作。

5）消息窗口

消息窗口显示用户操作信息以及系统信息。

3. 数据配置通用操作

数据配置通用操作包括：配置查询、配置增加（创建）、配置修改、配置删除和配置同步。

（1）配置查询：主要是指管理对象数据配置完成后，用户查看管理对象的配置数据。

（2）配置增加（创建）：为系统添加管理对象，并为该对象设置属性值。

（3）配置删除：删除系统中已存在的管理对象及其配置数据。

（4）配置修改：修改在系统中已存在的管理对象的配置数据信息。

（5）配置同步：数据配置完成后，数据仅在OMCR服务器端生效，只有执行同步操作才能使数据在RNC端生效。

提示：各配置管理对象的配置页面操作方法基本相同。配置物理设备、局向配置、Node B之前首先需要配置UMTS陆地无线接入网UTRAN（UMTS Terrestrial Radio Access Network）子网、RNC管理对象。“实训2 公共资源配置”一章以管理对象UTRAN子网、RNC管理对象配置为例，详细介绍各通用操作的具体操作方法，其他章节通用操作方法类同，不再赘述。

4. 配置数据注意事项

数据配置是RNC系统的核心部分，在整个系统中起着非常重要的作用。数据配置的任何错误都会严重影响系统的运行，因此要求数据操作员在配置和修改数据时注意以下几点：

（1）在数据配置之前，应先准备好系统运行的相关数据，数据应该是准确可靠的，并做一个完整的数据配置方案。好的方案不仅可以使数据更加清晰、有条理，而且可以提高系统的可靠性。

（2）在做任何数据修改之前，都应先备份现有的数据；当修改完毕后，把数据同步到RNC并确认正确无误后，应该及时备份。

（3）从网管客户端中配置和修改的数据，要经过数据同步过程传送到RNC才能起作用。对投入运行的系统数据修改，务必要仔细检查，确认无误后再传送到RNC，以防止错误数据干扰系统的正常运行。

1.4 实际操作流程

1.4.1 客户端的启动、创建 TD UTRAN 子网

按基本操作步骤启动客户端,进行子网创建,如图 1.7 和图 1.8 所示。

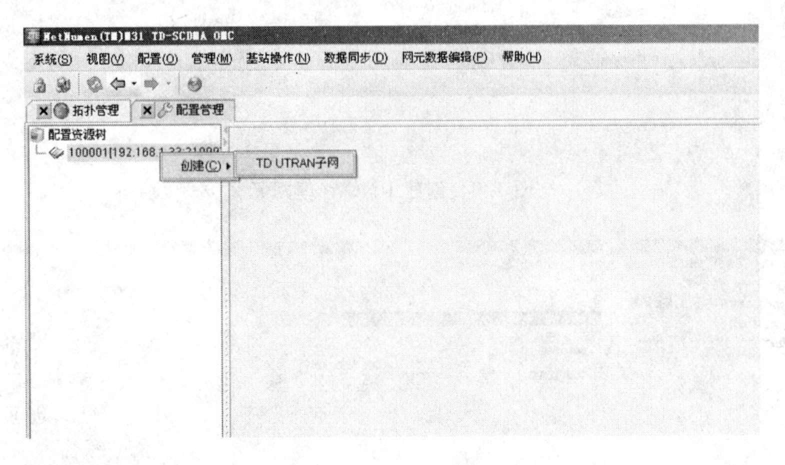

图 1.7 子网创建

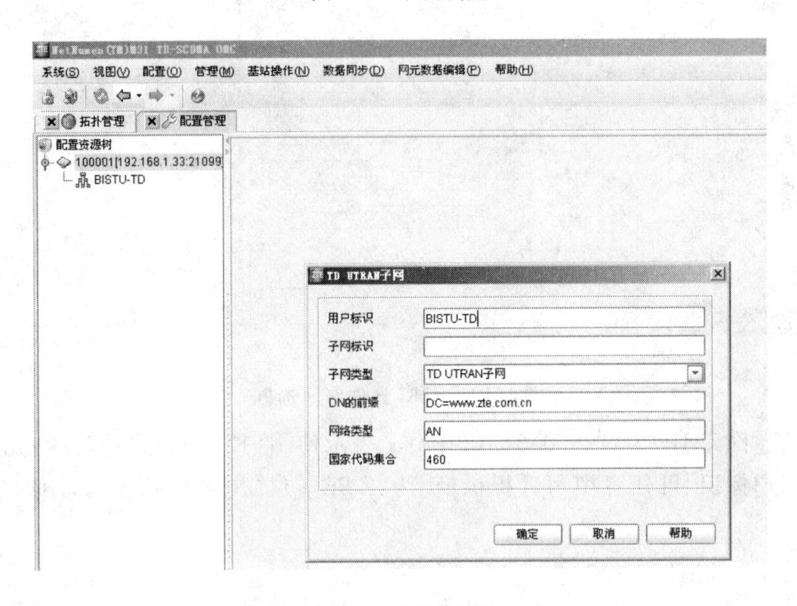

图 1.8 子网选框

[用户标识]任意,其他各个参数值为系统默认值。

1.4.2 创建 RNC 管理网元

创建 RNC 管理网元页面如图 1.9 和图 1.10 所示。

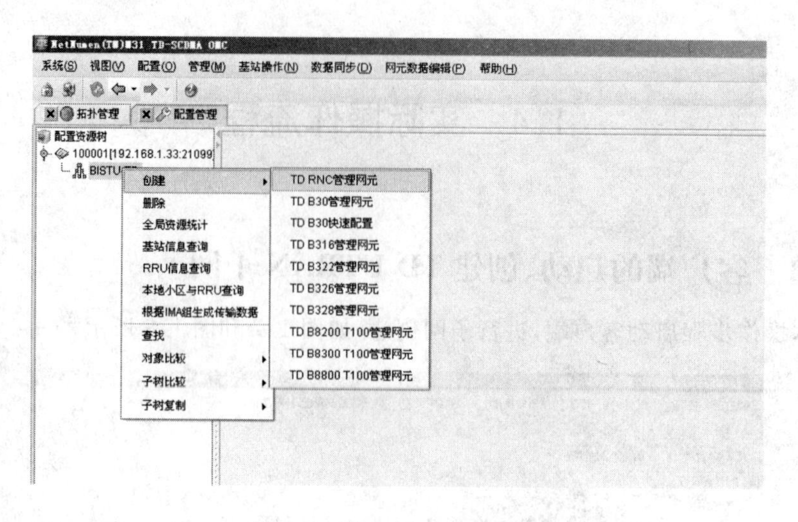

图 1.9　创建 RNC 管理网元

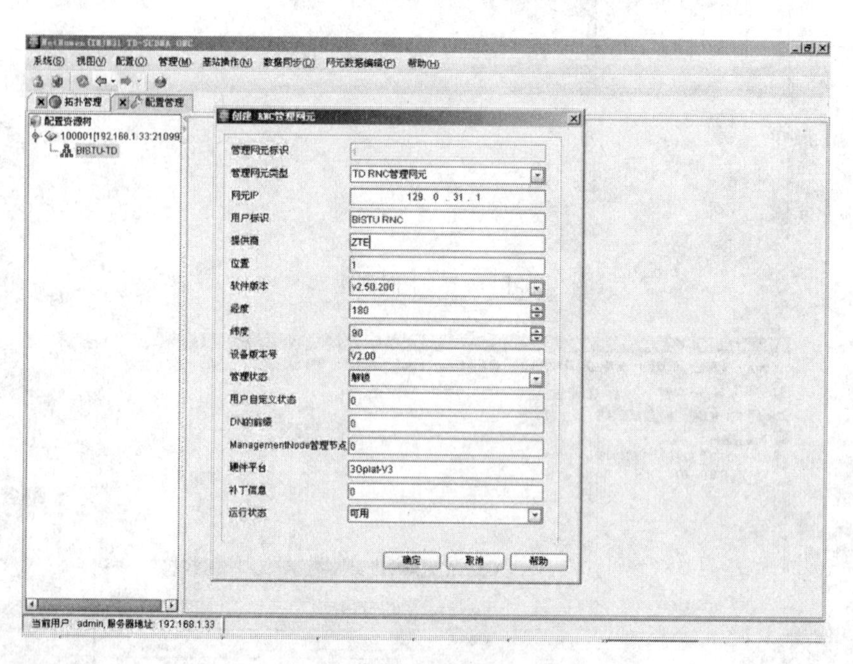

图 1.10　RNC 管理网元选框

需要设置[网元 IP]为:129.0.31.x,其中 x 表示使[管理网元标识]与[网元 IP]最后一位相同。[用户标识]可任意填写,[提供商]为:ZTE,[位置]可任意填写,不影响系统功能实现。

实训 2

公共资源配置

2.1 实训目的

了解公共资源的配置,理解公共资源的意义。

2.2 实训主要内容

- 配置子网;
- 配置管理网元;
- 配置集;
- 配置 RNC 全局资源。

说明:对于 ZXTR RNC 新开局,数据配置先后顺序如图 2.1 所示。

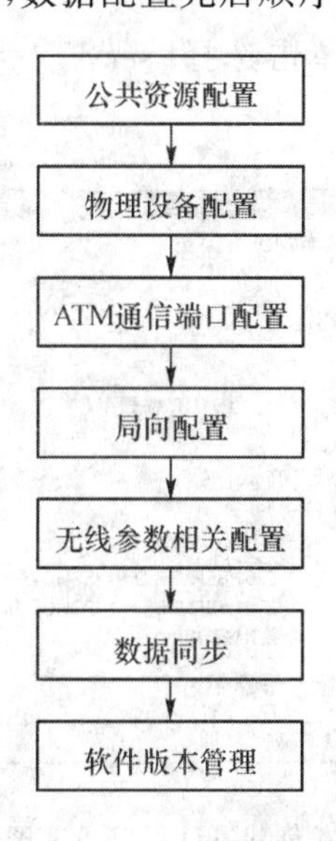

图 2.1 开局配置数据流程图

(1) 公共资源配置主要包括子网配置、管理网元配置、RNC 配置集、RNC 全局资源配置，是整个配置管理的基础。

(2) 物理设备配置主要包括机架、机框、单板等，详细内容参见“概论”和“实训 3 RNC 物理设备配置”。

(3) 物理设备配置完成之后，要进行 ATM 通信端口的配置。

(4) 配置完成 ATM 通信端口之后才能进行局向配置，主要包括 Iu-CS、Iu-PS、Iu-B 等局向的配置。

(5) 以上配置完成之后，再进行无线参数的相关配置，主要包括引用类参数、Node B 及服务小区包含对象的配置、外部小区配置、邻接小区配置。

(6) 在数据配置完成后需要进行“整表同步”或者“增量同步”，所配置的数据就可以同步到 RNC 发挥作用。数据的“整表同步”和“增量同步”都是在[管理网元]节点上进行的。

(7) “整表同步”或者“增量同步”结束后就可以进行 RNC 软件版本的配置。

提示：能够进行数据同步以及动态数据管理、软件版本管理等操作的前提是 OMCR 同 RNC 保持建链，这就要求 OMCR 配置管理网元 IP 地址正确，同时在 OMCR 服务器端要能访问该 IP 地址。

2.3 实训基本操作

2.3.1 子网配置

1. 配置增加

(1) 在配置资源树窗口，右键单击选择[server]→[创建]→[TD UTRAN 子网]，如图 2.2所示。

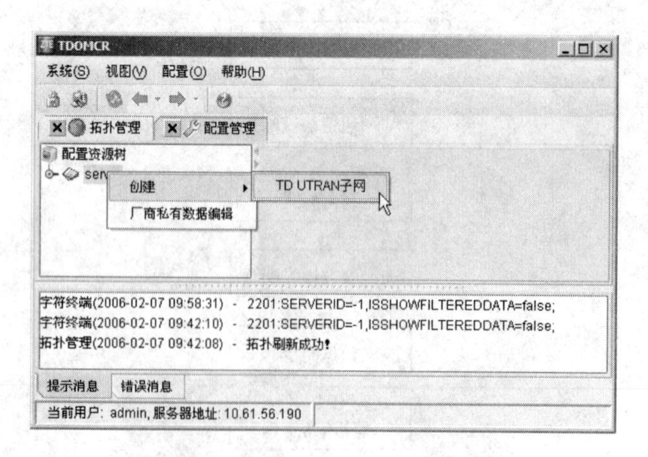

图 2.2 创建 TD UTRAN 子网对象

(2) 单击[TD UTRAN 子网]，弹出对话框如图 2.3 所示。

创建 TD UTRAN子网
用户标识
子网标识
子网类型 TD UTRAN子网
确定 取消 帮助

图 2.3　创建 TD UTRAN 子网对象对话框

与图 2.3 内容相关的关键参数，见表 2.1。

表 2.1　创建 TD UTRAN 子网参数表

TD UTRAN 子网	
用户标识	
值域	最大长度 40 的字符串
单位	无
缺省值	无
配置说明	方便用户识别的具体子网对象名称
子网标识	
值域	1～4 095
单位	无
缺省值	无
配置说明	由用户定义子网的唯一标识
子网类型	
值域	TD UTRAN 子网
单位	无
缺省值	TD UTRAN 子网
配置说明	标识子网类型为 TD UTRAN 子网

(3) 单击[确定]按钮，创建对应的 UTRAN 子网对象。

2. 配置查询

在配置资源树窗口，双击[server]→[子网用户标识]，在配置管理视图页面右侧显示该配置对象的配置属性页面，如图 2.4 所示。

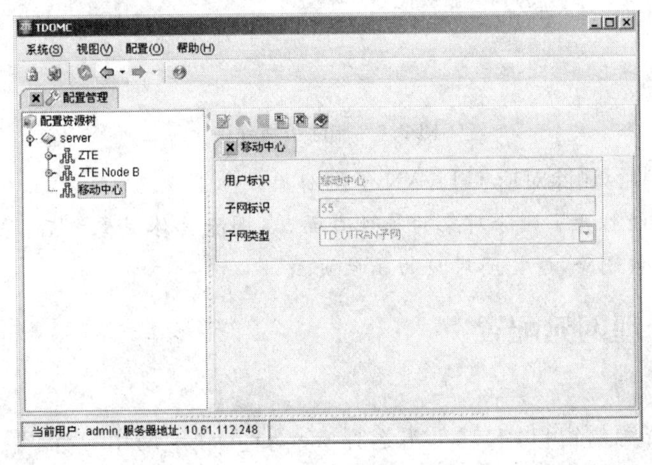

图 2.4　查看 UTRAN 子网属性

3. 配置修改

(1) 在配置资源树窗口,双击[server]→[子网用户标识],显示该配置对象的配置属性页面。

(2) 在属性页面单击配置管理对象快捷菜单的图标,对配置对象属性进行修改。修改完成后,单击图标对修改后的参数进行保存。在修改对象属性时,单击图标可以取消对配置对象属性的修改。

提示:修改 UTRAN 子网配置时,只能修改[用户标识]参数,其他显示为不可修改状态,因此用户注意在创建 UTRAN 子网时数据的正确性。

4. 配置删除

(1) 在配置资源树窗口,右键单击选择[server]→[子网用户标识]→[删除],如图 2.5 所示。

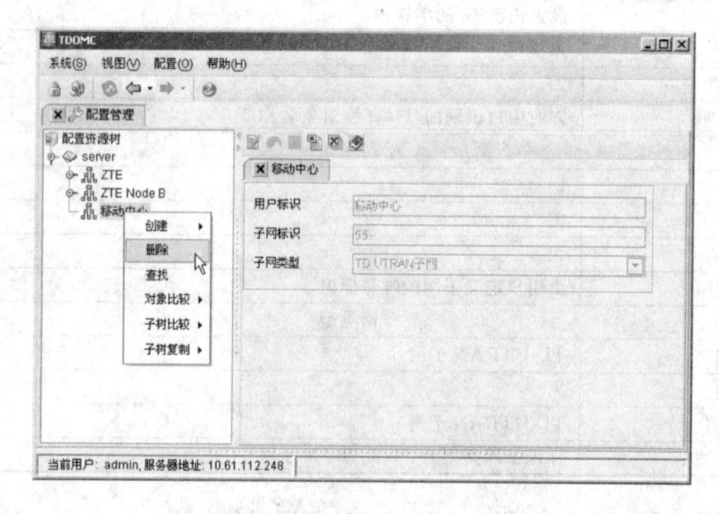

图 2.5 删除子网

(2) 单击[删除]后,弹出提示框如图 2.6 所示。

图 2.6 删除子网确认

(3) 单击[是]后,删除对应 UTRAN 子网对象。

提示:如果已经打开了删除对象的属性页面,在删除具体对象之后,系统弹出提示框提示"管理对象已经被删除,请关闭对应的属性页面"。

2.3.2 管理网元配置

1. 配置增加

(1) 在配置资源树窗口,右键单击选择[server]→[子网用户标识]→[创建]→[TD RNC 管理网元],如图 2.7 所示。

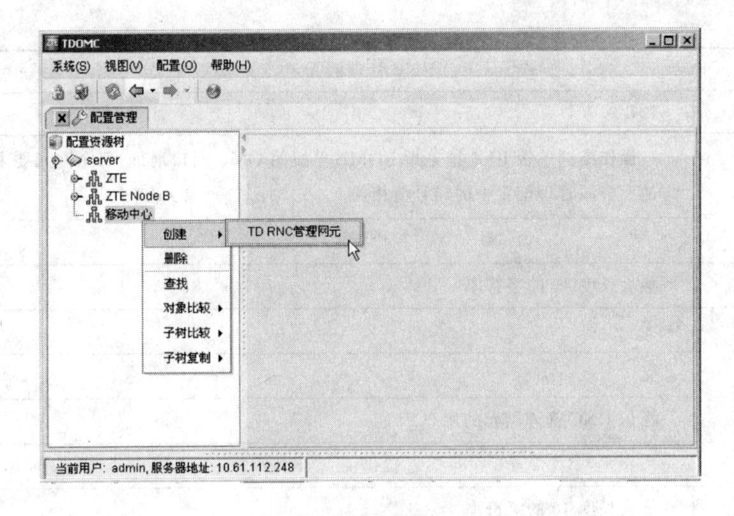

图 2.7 创建 RNC 管理网元

(2) 单击[TD RNC 管理网元],弹出对话框如图 2.8 所示。

创建 RNC管理网元

管理网元标识 55
管理网元类型 TD RNC管理网元
操作维护单板IP地址 127 . 0 . 0 . 1
用户标识
提供商
位置
软件版本 v2.02.020
经度 180
纬度 90
确定 取消 帮助

图 2.8 创建 TD RNC 管理网元配置对话框

与图 2.8 内容相关的关键参数,见表 2.2。

表 2.2 RNC 管理网元参数表

RNC 管理网元	
管理网元类型	
值域	TD RNC 管理网元
单位	无
缺省值	TD RNC 管理网元
配置说明	标识管理网元的类型
操作维护单板 IP 地址	
值域	xxx. xxx. xxx. xxx (x 为 0～255)
单位	无

续表

RNC管理网元	
缺省值	127.0.0.1
配置说明	操作维护单板IP地址是指ROMB单板的OMC网口地址，每个网元要求唯一，它的取值与地面资源管理配置中的局号值相关
用户标识	
值域	最大长度40的字符串
单位	无
缺省值	无
配置说明	标识RNC管理网元的用户
提供商	
值域	最大长度40的字符串
单位	无
缺省值	无
配置说明	标识RNC设备的提供商
位置	
值域	最大长度40的字符串
单位	无
缺省值	无
配置说明	标识RNC的位置
软件版本	
值域	最大长度40的字符串
单位	无
缺省值	由设备厂商推出的软件版本决定
配置说明	标识RNC的软件版本
经度	
值域	－180.000 0～180.000 0
单位	度
缺省值	180
配置说明	标识RNC的地理经度
纬度	
值域	－90.000 0～90.000 0
单位	度
缺省值	90
配置说明	标识RNC的地理纬度

(3) 单击[确定]按钮,创建对应的 TD RNC 管理网元配置对象,同时连带创建主用配置集对象。

2. 配置查询/修改/删除

参见实训 1 的相关说明。

2.3.3 配置集

创建管理网元时,连带创建"主用配置集"。"主用配置集"的数据是同步给前台网元的配置数据。"主用配置集"的数据可以进行前后台操作,比如数据同步、动态操作等。ZXTR OMCR 提供给网元多套配置数据的支持,用户可以自行建立多套备用配置集数据,根据需要切换成主用配置集数据,同步到前台生效。切换之后,必须进行整表同步,数据才能在前台生效。

1. 配置集增加

(1) 右键单击 RNC 管理网元,选择[申请互斥权限],确定。

(2) 在配置资源树窗口,右键单击选择[server]→[子网用户标识]→[管理网元用户标识]→[创建]→[RNC 配置集],如图 2.9 所示。

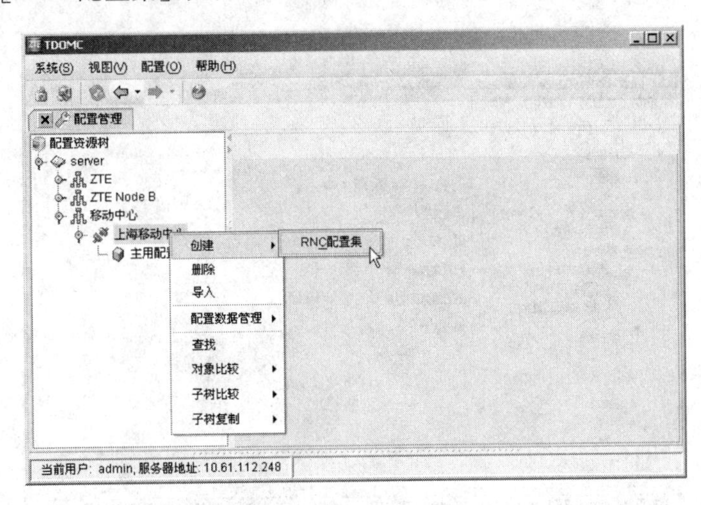

图 2.9 创建 RNC 配置集

(3) 单击[RNC 配置集],弹出对话框如图 2.10 所示。

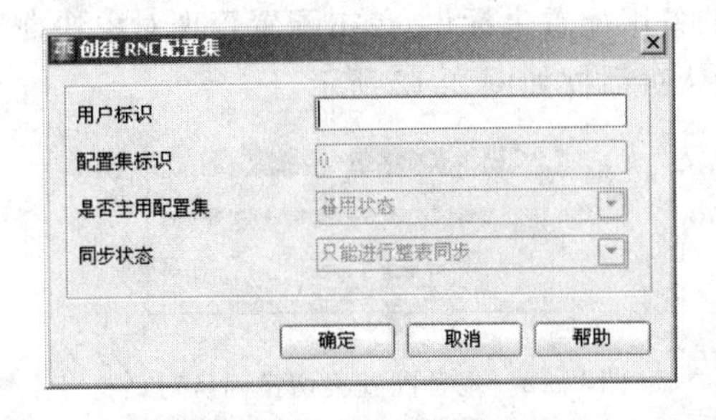

图 2.10 创建 RNC 配置集对话框

与图 2.10 内容相关的关键参数,见表 2.3。

表 2.3 RNC 配置集参数表

RNC 配置集	
用户标识	
值域	最大长度 40 的字符串
单位	无
缺省值	无
配置说明	标识 RNC 管理网元的配置集，便于用户识别

(4) 单击[确定]按钮，保存数据，新建配置集就显示在管理网元节点下。

2. 配置查询/修改/删除

参见实训 1 的相关说明。

3. 主备配置集的切换

(1) 在配置资源树窗口，双击[server]→[子网用户标识]→[管理网元用户标识]→[备用配置集标识]，在配置管理视图页面右侧窗口显示备用配置集属性视图，如图 2.11 所示。

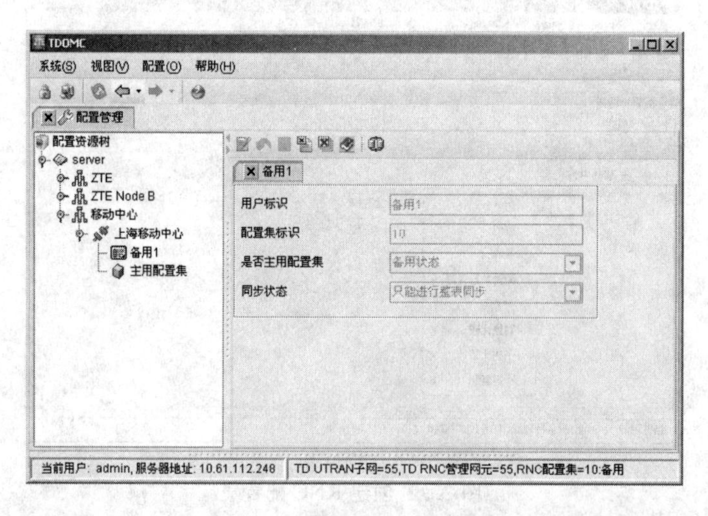

图 2.11 查看备用配置集属性

(2) 选中需要切换的备用配置集标识，单击配置管理对象快捷菜单中的[切换成主用配置集]快捷按钮，弹出确认对话框如图 2.12 所示。

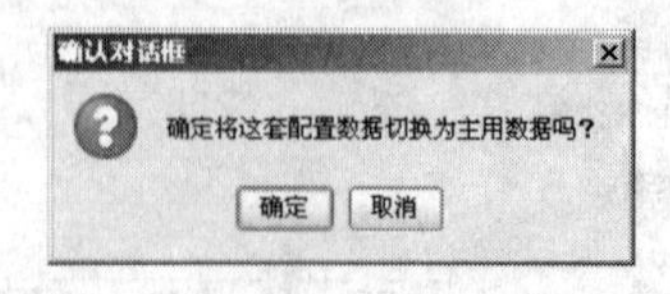

图 2.12 主备配置集切换确认对话框

(3) 单击[确定]按钮，完成主用配置集数据与备用配置集数据的切换。

2.3.4 RNC全局资源

1. 配置增加

(1) 在配置资源树窗口,右键单击选择[server]→[子网用户标识]→[管理网元用户标识]→[配置集标识]→[创建]→[RNC全局资源],如图2.13所示。

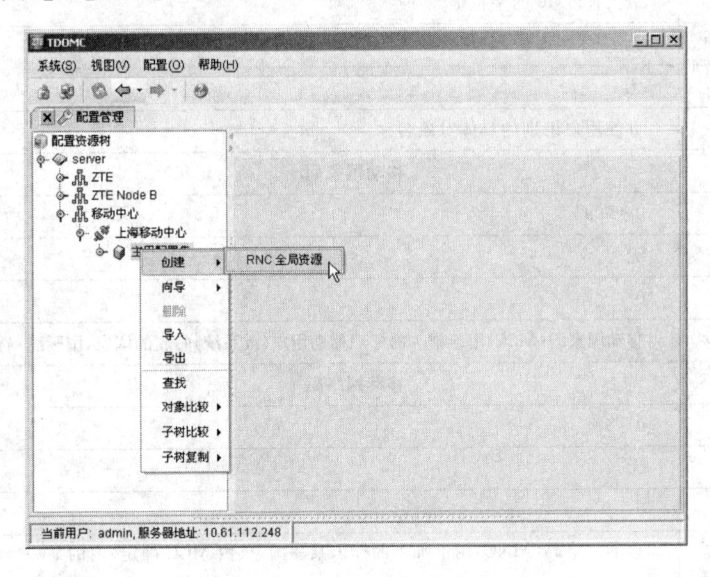

图2.13 创建RNC全局资源

(2) 单击[RNC全局资源],弹出对话框如图2.14所示。

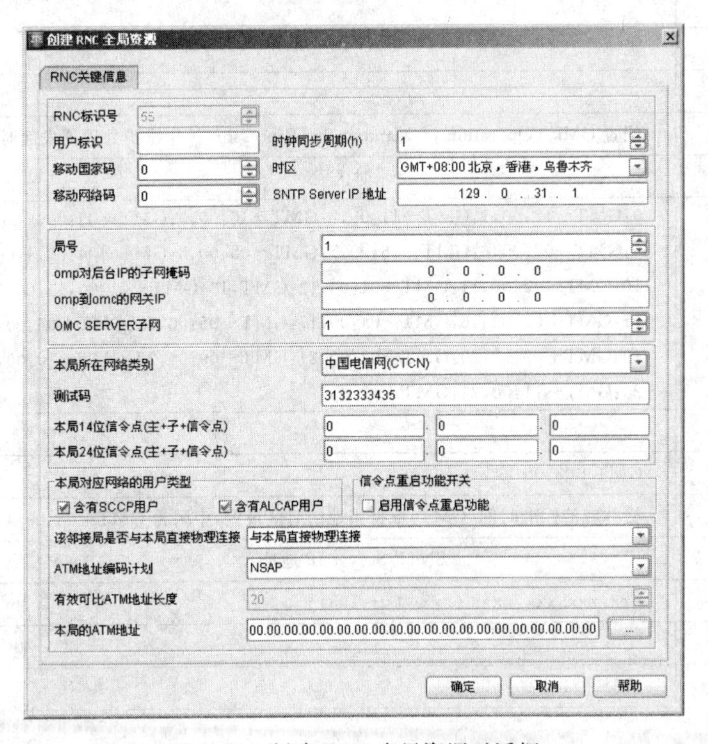

图2.14 创建RNC全局资源对话框

与图 2.14 内容相关的关键参数,见表 2.4。

表 2.4　RNC 关键信息参数表

创建 RNC 全局资源中 RNC 关键信息	
用户标识	
值域	最大长度 40 的字符串
单位	无
缺省值	无
配置说明	方便用户识别的具体对象名称
移动国家码	
值域	0～999
单位	无
缺省值	0
配置说明	移动国家码(MCC)用于唯一的标识移动用户(或系统)归属的国家,国际统一分配,中国为 460
移动网络码	
值域	0～99
单位	无
缺省值	0
配置说明	移动网络码(MNC)用于唯一的标识某一国家(由 MCC 确定)内的某一个特定的 PLMN 网,例如中国移动是 00,联通是 01
时钟同步周期	
值域	0～65 535
单位	无
缺省值	1
配置说明	配置 OMP (Operation & Maintenance Processor)操作维护处理器发起时间同步的周期
时区	
值域	0:GMT－12:00,1:GMT－11:00,2:GMT－10:00,3:GMT－09:00,4:GMT－08:00,5:GMT－07:00,6:GMT－06:00,7:GMT－05:00,8:GMT－04:00,9:GMT－03:00,10:GMT－02:00,11:GMT－01:00,12:GMT,13:GMT＋01:00,14:GMT＋02:00,15:GMT＋03:00,16:GMT＋04:00,17:GMT＋05:00,18:GMT＋06:00,19:GMT＋07:00,20:GMT＋08:00,21:GMT＋09:00,22:GMT＋10:00,23:GMT＋11:00,24:GMT＋12:00
单位	无
缺省值	GMT＋08:00
配置说明	格林威治标准时间(GMT)根据当地的时区设置,中国为 GMT＋08:00
SNTP Server IP 地址	
值域	xxx. xxx. xxx. xxxx (xxx 为 0～255)
单位	无
缺省值	129.0.31.1

续 表

创建 RNC 全局资源→RNC 关键信息	
配置说明	时钟是否同步至关重要，因为这样才能使时间戳保持一致 网络时间协议(NTP)确保时钟保持准确配置 NTP 时间服务器的 IP 地址，OMP 必需能够访问该 IP 地址，才能获取时间服务
局号	
值域	0～100
单位	无
缺省值	1
配置说明	由用户定义根据网络配置设定
omp 对后台 IP 的子网掩码	
值域	xxx. xxx. xxx. xxxx (xxx 为 0～255)
单位	无
缺省值	0.0.0.0
配置说明	由用户定义根据网络配置设定
omp 到 omc 的网关 IP	
值域	xxx. xxx. xxx. xxxx (xxx 为 0～255)
单位	无
缺省值	0.0.0.0
配置说明	由用户定义根据网络配置设定
OMC Server 子网	
值域	0～100
单位	无
缺省值	1
配置说明	由用户定义根据网络配置设定
本局所在网络类别	
值域	中国电信网(CTCN)，中国移动网(CMCN)，中国联通网(CUCN)，铁路电信网(RLTN)，中国网通(CNC)，军用电信网(NFTN)
单位	无
缺省值	中国电信网(CTCN)
配置说明	由用户根据需要定义
测试码	
值域	长度为 30 位的字符
单位	无
缺省值	3 132 333 435
配置说明	只能输入 0～9、a～f、A～F 字符
14 位信令点编码	
值域	主信令区　0～7 子信令区　0～255 信令点　0～7

续表

创建 RNC 全局资源→RNC 关键信息	
单位	无
缺省值	0,0,0
配置说明	主信令区　14 位信令点的高 3 位 子信令区　14 位信令点的中间 8 位 信令点　14 位信令点的低 3 位
24 位信令点编码	
值域	主信令区　0～255 子信令区　0～255 信令点　0～255
单位	无
缺省值	0,0,0
配置说明	主信令区　24 位信令点的高 8 位 子信令区　24 位信令点的中间 8 位 信令点　24 位信令点的低 8 位
本局对应的网络用户类型	
值域	含有 SCCP 用户 含有 ALCAP 用户
单位	无
缺省值	含有 SCCP 用户,含有 ALCAP 用户
配置说明	根据用户需要定义
信令点重起功能开关	
值域	信令点重起功能开关
单位	无
缺省值	无
配置说明	由用户的实际配置决定
该邻接局是否与本局直接物理连接	
值域	与本局直接物理连接,与本局非直接物理连接
单位	无
缺省值	与本局直接物理连接
配置说明	由用户的实际配置决定
ATM 地址编码计划	
值域	E164,NSAP
单位	无
缺省值	NSAP
配置说明	根据用户实际配置选择 ATM 编址类型
有效可比 ATM 地址长度	
值域	1～15

续 表

创建 RNC 全局资源→RNC 关键信息	
单位	无
缺省值	15
配置说明	当[ATM 地址编码计划]的值为“E164”时有效,长度由用户的实际配置决定
邻接局向的 ATM 地址	
值域	当[ATM 地址编码计划]是“NSAP”时,值域为:00.00.00.00.00.00.00.00.00.00.00.00.00.00.00.00.00.00.00.00~ff.ff.ff.ff.ff.ff.ff.ff.ff.ff.ff.ff.ff.ff.ff.ff.ff.ff.ff.ff 当[ATM 地址编码计划]是“E164”时值域为:00.00.00.00.00.00.00.00.00.00.00.00.00.00.00~09.09.09.09.09.09.09.09.09.09.09.09.09.09.09
单位	无
缺省值	当[ATM 地址编码计划]是“NSAP”时的缺省值为:ff.ff.ff.ff.ff.ff.ff.ff.ff.ff.ff.ff.ff.ff.ff.ff.ff.ff.ff.ff 当[ATM 地址编码计划]是“E164”时的缺省值为:00.00.00.00.00.00.00.00.00.00.00.00.00.00.00
配置说明	① 邻接局向的 ATM 地址在整个子网内必须全局唯一; ② 配置时在页面单击 ... 按钮,弹出对话框,在 ATM 地址栏修改相应地址

提示:要进行 SNTP 时间同步,除了在 OMCR 上进行该项配置以外,还需要安装 NTP 服务器提供时间服务,并且 RNC 的 OMP 要能够访问该时间服务器。

(3) 单击[确定]按钮,完成创建 RNC 全局资源。

2. 配置查询/修改/删除

参见实训 1 的相关说明

2.4 实际操作流程

(1) 创建 RNC 全局资源如图 2.15 所示。

(2) RNC 关键信息如图 2.16 所示。设置 SNTP 服务器 IP 地址为:129.0.31.1,用户标识为系统默认值。

(3) 网元信息配置如图 2.17 所示。网元信息配置各个具体参数皆为系统默认值。

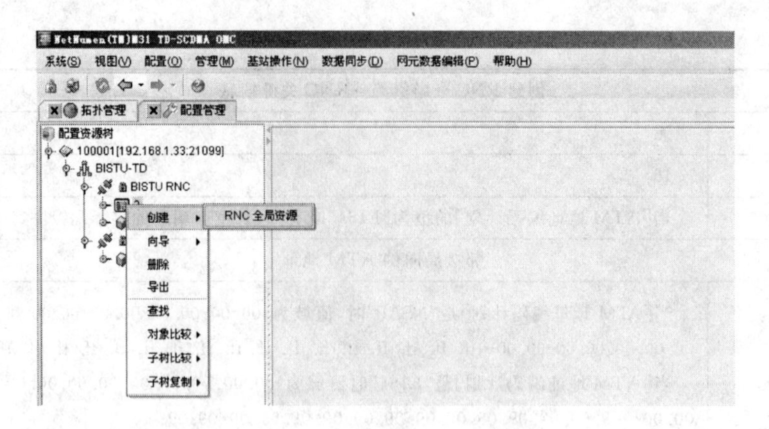

图 2.15　创建 RNC 全局资源

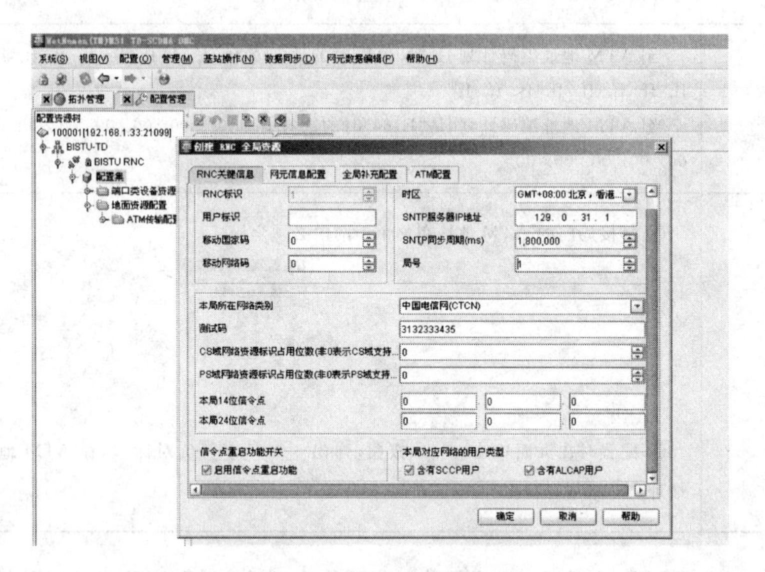

图 2.16　RNC 关键信息配置框

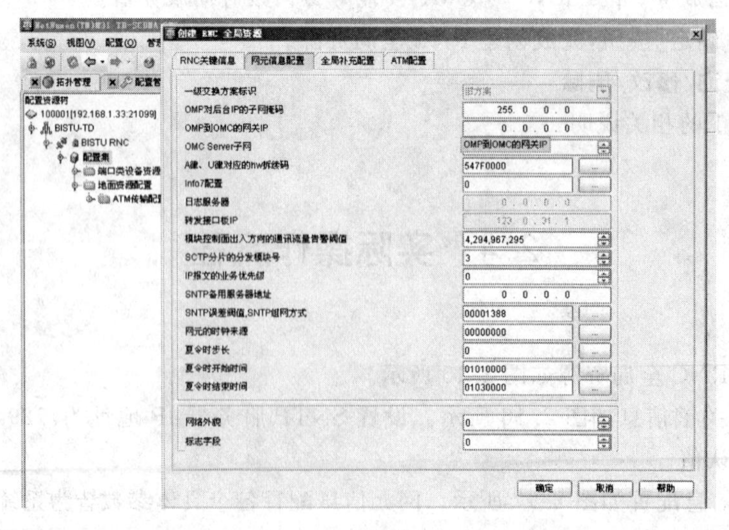

图 2.17　网元信息配置

（4）全局补充配置如图 2.18 所示。全局补充配置各个参数值皆为系统默认值。

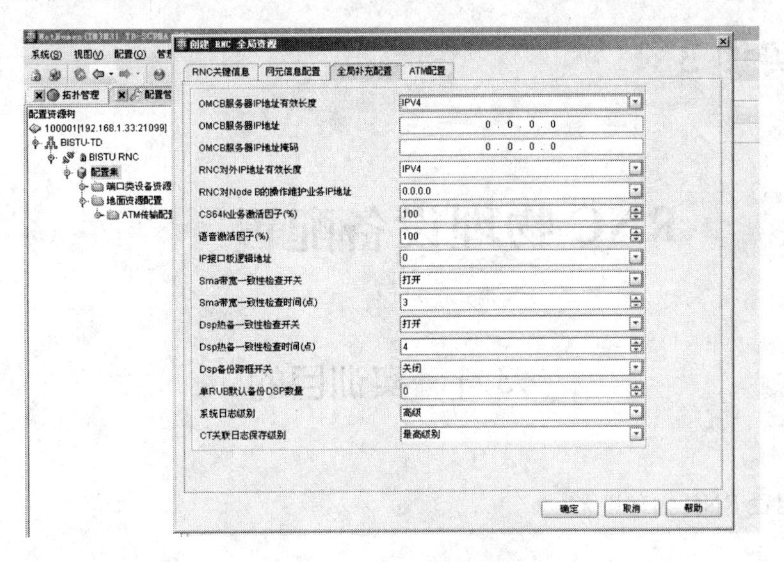

图 2.18 全局补充配置

（5）ATM 配置如图 2.19 所示。ATM 配置各个参数值皆为系统默认值。

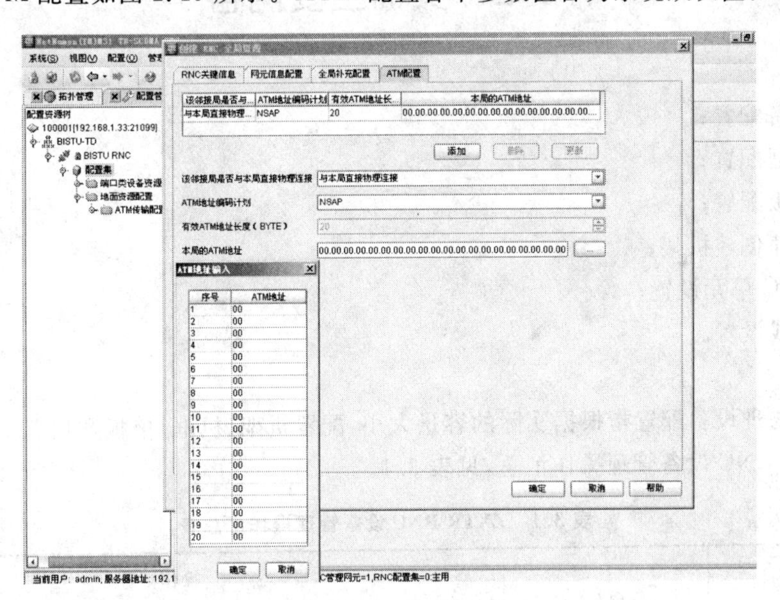

图 2.19 ATM 配置

实训 3

RNC 物理设备配置

3.1 实训目的

熟悉配置 RNC 物理设备。

3.2 实训主要内容

- 设备配置；
- 机框配置；
- 单板配置；
- 快速创建机架；
- RNC 单元设置；
- 天线设置。

说明：

RNC 物理设备配置指根据实际的容量大小，配置机架、机框、单板数据。

ZXTR RNC 设备管理操作汇总，见表 3.1。

表 3.1 ZXTR RNC 设备管理操作汇总表

序号	管理对象	操作		
		创建	查看	删除
1	机架	√	√	√
2	机框	√	√	√
3	单板	√	√	√
4	CPU	×	√	×

3.3 实训基本操作

3.3.1 设备配置

1. 任务目的

创建一个新的 ZXTR RNC 机架,配置机架数据。

2. 应用场景

(1) 手工初始配置,创建一个新的 RNC 机架。

(2) 扩容增加配置,创建一个新的 RNC 机架。

3. 任务准备

(1) 已经创建成功公共资源配置。

(2) 确定要配置的机架数目。

4. 操作步骤

(1) 在配置资源树窗口,右键单击选择[server]→[子网用户标识]→[管理网元用户标识]→[配置集标识]→[RNC 全局资源]→[设备配置]→[创建]→[标准机架],如图 3.1所示。

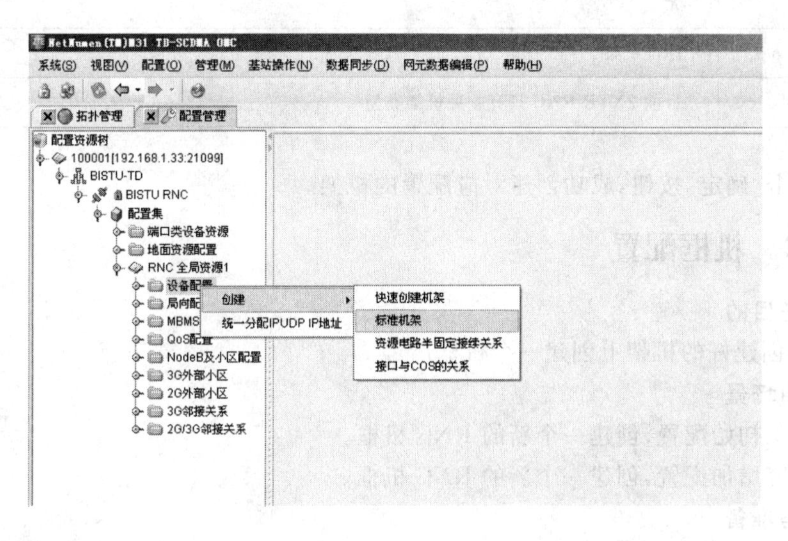

图 3.1 创建机架页面

(2) 单击[标准机架],弹出对话框,如图 3.2 所示。

(3) 与创建机架对话框(图 3.2)内容相关的关键参数,见表 3.2。

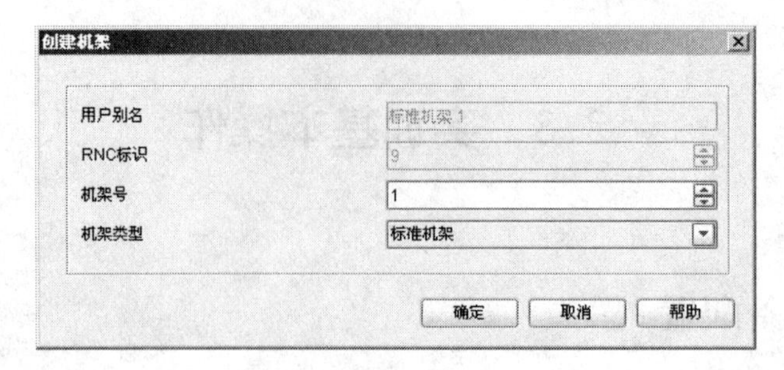

图 3.2 创建机架对话框

表 3.2 创建机架参数表

机架参数	
机架号	
值域	1～16
单位	无
缺省值	1
配置说明	机架号和机框号分别通过拨码开关拨码来设置。ZXTR RNC 机架编号分别为 1 号机架、2 号机架……16 号机架，ROMB 单板所在的机架编号必须是 1
机架类型	
值域	4 个 8U 插箱的标准机架
单位	无
缺省值	标准机架
配置说明	目前 ZXTR RNC 只有一种机架类型

(4) 单击[确定]按钮，成功创建对应配置的机架。

3.3.2 机框配置

1. 任务目的

在已经创建好的机架上创建一个机框。

2. 应用场景

(1) 手工初始配置，创建一个新的 RNC 机框。

(2) 扩容增加配置，创建一个新的 RNC 机框。

3. 任务准备

(1) 成功创建公共资源配置、机架。

(2) 确定需要配置的机框数目和类型。

4. 操作步骤

(1) 在配置资源树窗口，双击[server]→[了网用户标识]→[管理网元用户标识]→[配置集标识]→[RNC 全局资源标识]→[设备配置]→[标准机架名称]。

(2) 右键单击机架图选择[创建]→[机框]，如图 3.3 所示。

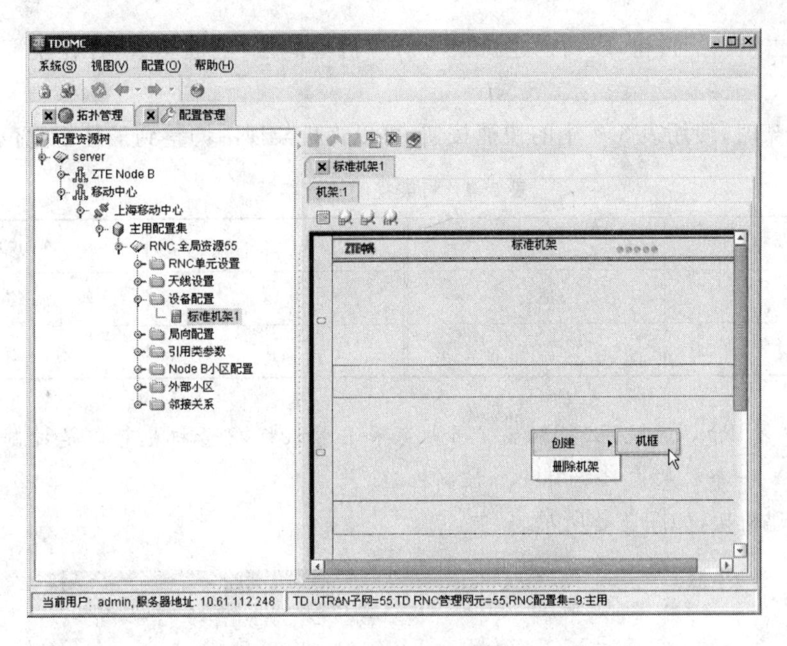

图 3.3　创建机框

(3) 单击[机框],弹出对话框,如图 3.4 所示。

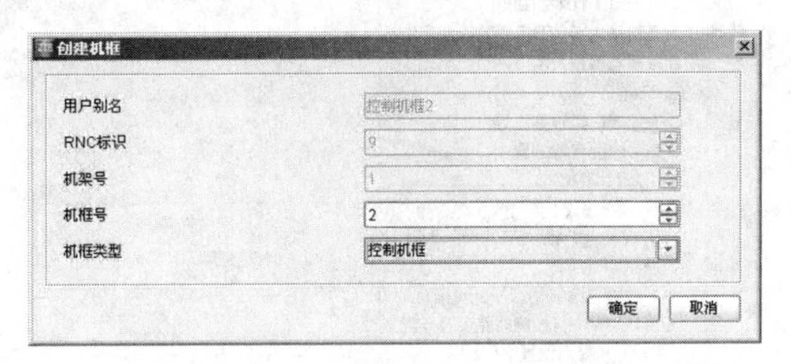

图 3.4　创建机框对话框

与图 3.4 内容相关的关键参数,见表 3.3。

表 3.3　机框对话框参数表

机框对话框参数	
机框号	
值域	1～4
单位	无
缺省值	1
配置说明	一个机架内的四层机框的编号,从上到下依次为 1、2、3、4
机框类型	
值域	控制机框,资源机框
单位	无
缺省值	无
配置说明	ZXTR RNC 系统中根据功能分为三种机框:控制框(控制机框)、资源框(资源机框)和交换框(交换机框)。这三种机框通过不同的配置方式,形成各种性能的 RNC 系统 一个 RNC 系统必需要有资源机框

(4) 单击[确定]按钮,成功创建机架上对应机框编号、机框类型,并在机框下标识出相应的槽位号。

创建机架时,使用表 3.4 中的快捷按钮,可以将机架视图调整到最佳视觉位置。

表 3.4 机架视图快捷菜单

快捷菜单	说明	快捷菜单	说明
	适合		缩小
	放大		重设

提示:一个 RNC 系统,必须配置 1 号机架和 2 号机框,2 号机框可以是控制机框也可以是资源机框。一个机架内只能有一个控制机框。

(5) 创建机架,如图 3.5 所示。

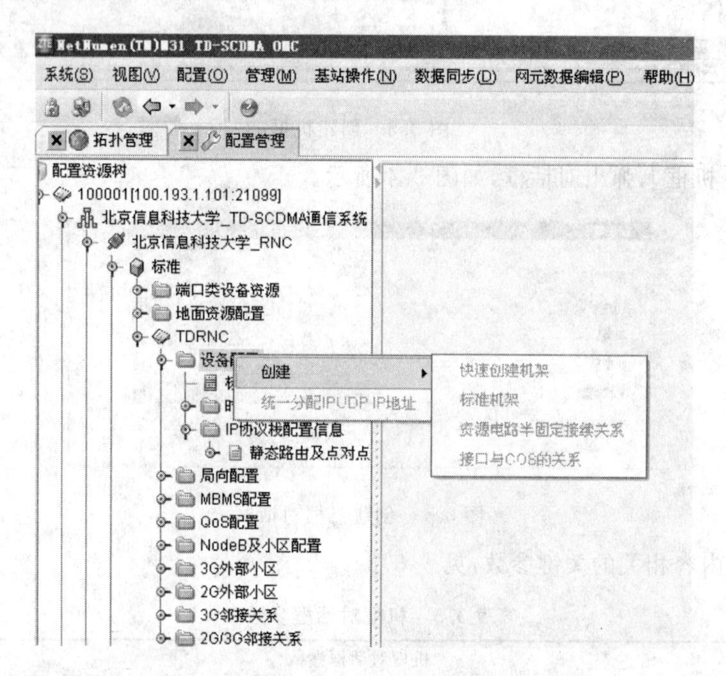

图 3.5 创建机架图

3.3.3 单板配置

1. 任务目的

在已经创建的机框上创建功能单板。

2. 应用场景

(1) 手工初始配置,在机框对应槽位上创建一个新的单板。

(2) 扩容增加配置,在机框对应槽位上创建一个新的单板。

3. 任务准备

(1) 成功创建公共资源配置、机架和机框。

(2) 确定要配置单板的类型和数目。

4. 操作步骤

(1) 右键单击机架图单板槽位,选择[创建]→[单板],如图3.6所示。

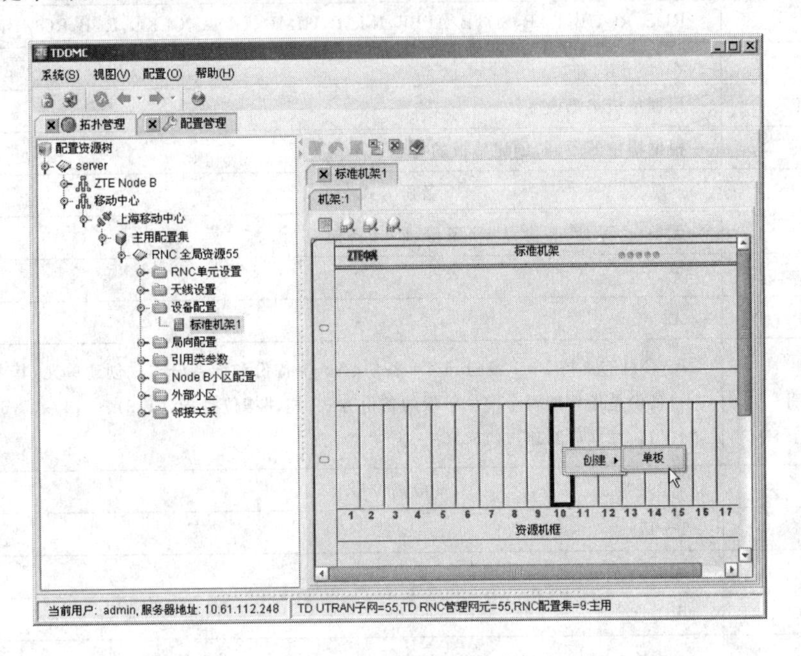

图3.6 创建单板

(2) 单击[单板],弹出对话框如图3.7所示。

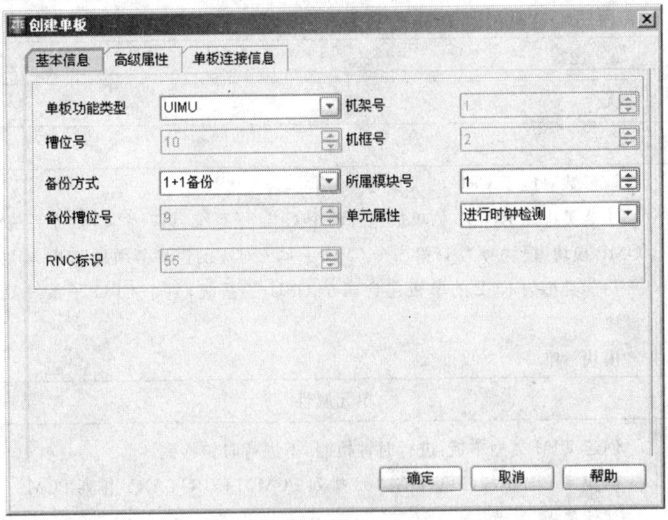

图3.7 创建单板对话框

与图3.7相关的关键参数,见表3.5。

表 3.5 创建单板参数表

创建单板	
单板功能类型	
值域	RUB,RGUB,DTB,SDTB,APBE,IMAB,UIMU,UIMC,CLKG,RCB,ROMB,CHUB
单位	无
缺省值	根据单板类型改变
配置说明	根据槽位的不同,创建单板的类型也不同
备份方式	
值域	无备份,N+1 备份,1+1 备份,1∶1 备份
单位	无
缺省值	无
配置说明	RNC 目前支持 1+1 备份、1∶1 备份、N+1 备份和无备份方式创建单元,其中 1+1 备份、1∶1备份是指相邻两个槽位单板的备份方式,相邻槽位是指:(1,2)、(3,4)、(5,6)、(7,8)、(9,10)、(11,12)、(13,14)、(15,16)
备份槽位号	
值域	1～17
单位	无
缺省值	无
配置说明	ZXTR RNC 的一层机框满配可插 17 块单板,每块单板占用一个槽位 槽位号从左到右编号为 1,2,3,4,5,6,7,8,9,10,11,12,13,14,15,16,17 除 N+1 备份类型的槽位可以由用户指定,其他单板的槽位的备份自动由系统分配
所属模块号	
值域	0～127
单位	无
缺省值	0
配置说明	该参数对应于 CPU 的模块号 功能类型为 ROMB 的单板包含两个 CPU 子系统:第一个 CPU 子系统对应的模块必须包含 OMP 模块,模块号为 1;第二个 CPU 子系统对应的模块必须是 RPU 模块,模块号必须为 2 功能类型为 RCB 的单板包含两个 CPU 子系统,每个 CPU 子系统只能创建 CMP+SMP 模块 模块号唯一
单元属性	
值域	创建 UIM 类型单板:进行时钟检测,不进行时钟检测 创建 SDTB 单板:ITUT-G.703 排列 PCM,TRIBUTARY 排列 PCM 其他单板:无效
单位	无
缺省值	根据创建单板功能类型参数不同改变
配置说明	根据创建单板功能类型设置

由于不同槽位可创建的单板不同,[创建单板]对话框包含不同的子页面。此例创建的是UIMU单板,因此[创建单板]页面包含[基本信息]、[高级属性]和[单板连接信息]三个子页面。

① [高级属性]页面如图3.8所示。

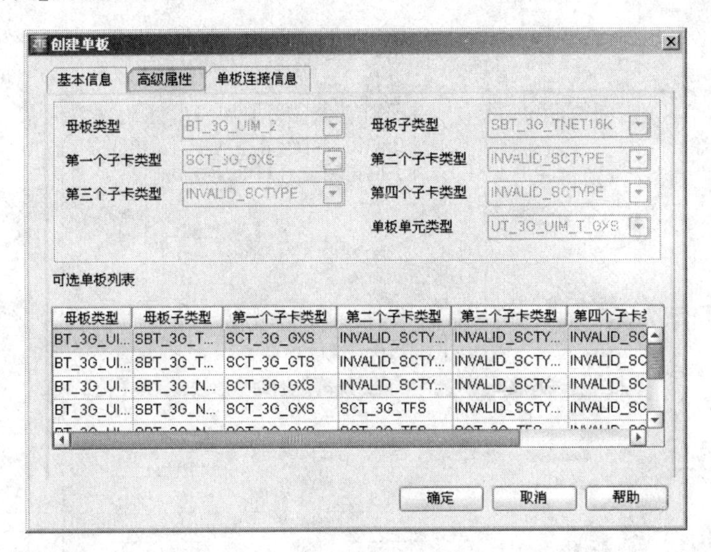

图3.8 创建单板高级属性

② [单板连接信息]页面如图3.9所示。

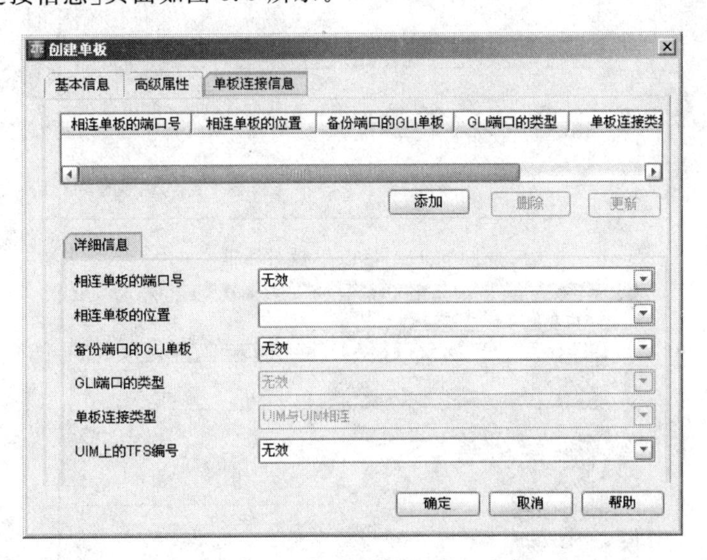

图3.9 创建单板中单板连接信息

(3) 修改单板

① 在需要修改的单板槽位上,单击鼠标右键选择[修改单板],如图3.10所示。

② 单击[修改单板],弹出对话框如图3.11所示。

[修改单板]页面包含[基本信息]、[高级属性]和[CPU信息]三个子页面。其中[CPU信息]页面在创建单板时不显示。[CPU信息]子页面如图3.12所示。

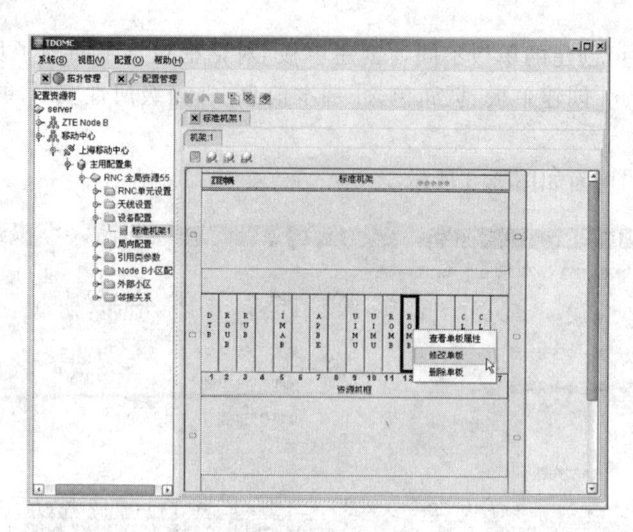

图 3.10　修改单板

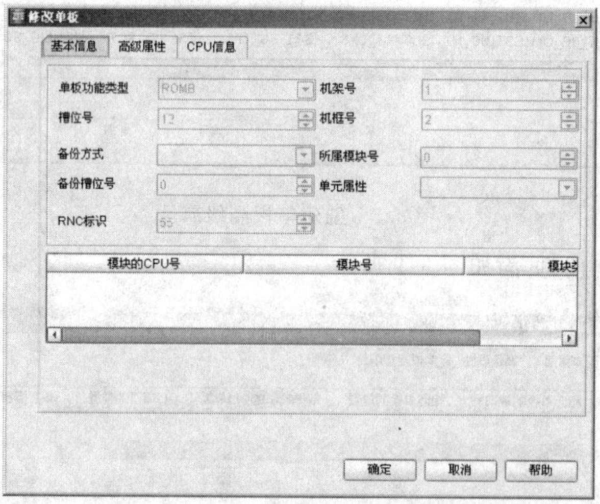

修改单板

基本信息　高级属性　CPU信息

单板功能类型	ROMB	机架号	1
槽位号	12	机框号	2
备份方式		所属模块号	0
备份槽位号	0	单元属性	
RNC标识	55		

模块的CPU号	模块号	模块类

确定　取消　帮助

图 3.11　修改单板对话框

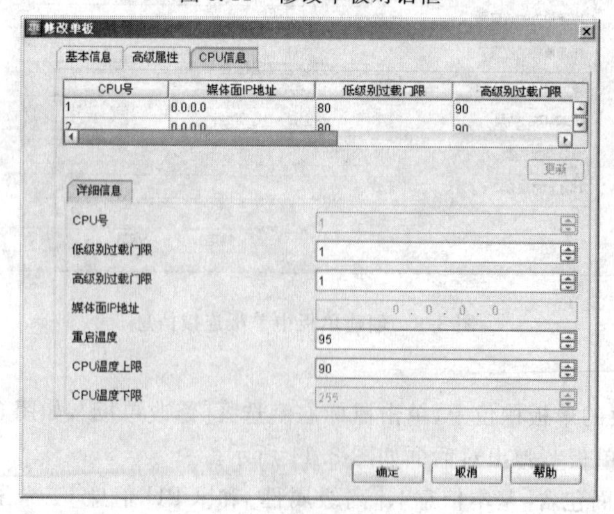

图 3.12　CPU 信息子页面

与图 3.12 相关的关键参数,见表 3.6。

表 3.6 CPU 信息参数表

修改单板中 CPU 信息	
低级别过载门限	
值域	1～100
单位	无
缺省值	80
配置说明	调整 CPU 低级别占用率告警门限
高级别过载门限	
值域	1～100
单位	无
缺省值	90
配置说明	调整 CPU 高级别占用率告警门限
重起温度	
值域	0～100
单位	无
缺省值	95
配置说明	调整 CPU 重起温度门限
CPU 温度上限	
值域	0～100
单位	无
缺省值	90
配置说明	调整 CPU 温度告警门限上限
CPU 温度下限	
值域	1～100
单位	无
缺省值	255
配置说明	调整 CPU 温度告警门限下限

选中需要修改的 CPU 号,修改参数值,单击[更新]按钮更新参数设置。

(4) 删除单板

① 右键单击需要删除的单板槽位,选择[删除单板]。

② 单击[删除单板],删除对应单板。

3.3.4 快速创建机架

ZXTR RNC 网管提供快速创建机架功能。

1. 任务目的

创建一个具有初始单板配制的 ZXTR RNC 机架。

2. 应用场景

(1) 自动初始配置,创建一个新的 RNC 机架。

(2) 扩容增加配置,创建一个新的 RNC 机架。

3. 任务准备

(1) 公共资源已经成功创建。

(2) 确定机架配置数据。

4. 操作步骤

(1) 在配置资源树窗口,右键单击选择[server]→[子网用户标识]→[管理网元用户标识]→[配置集标识]→[设备配置]→[创建]→[快速创建机架],如图 3.13 所示。

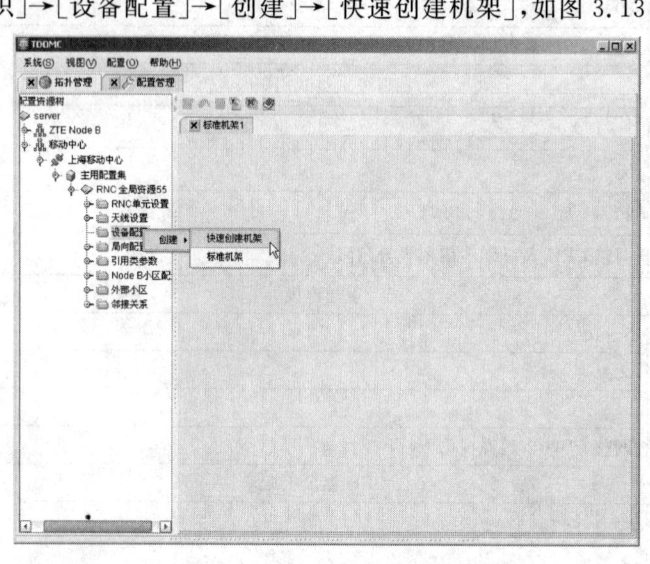

图 3.13 快速创建机架

(2) 单击[快速创建机架],弹出对话框如图 3.14 所示。

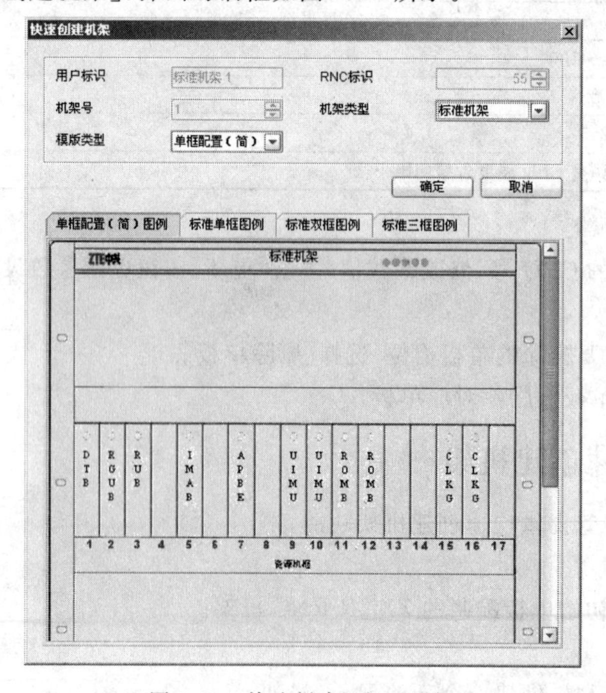

图 3.14 快速创建机架对话框

(3) 按照配置需求在[模版类型]参数中选择相应的模板，单击[确定]按钮自动创立机架。

系统提供四种类型的模板：

① 单框配置

单框配置(简)图例，如图 3.15 所示。

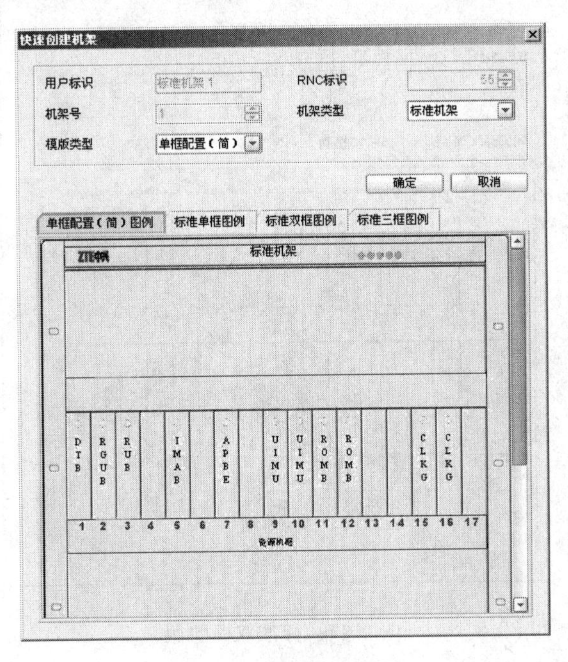

图 3.15 单框配置(简)图例

② 标准单框

标准单框图例，如图 3.16 所示。

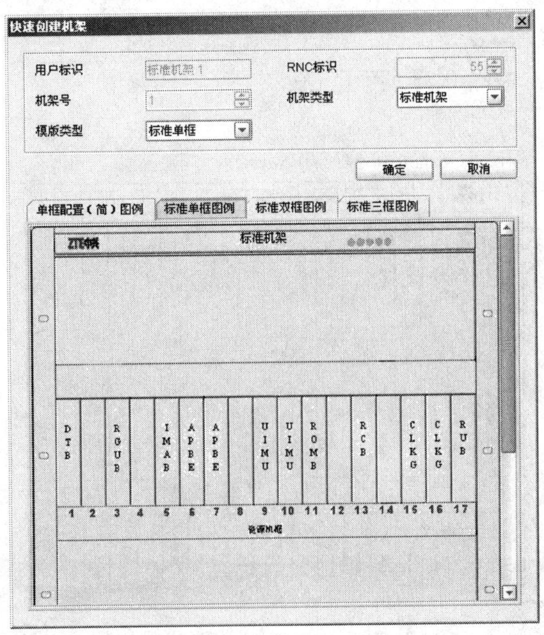

图 3.16 标准单框图例

③ 标准双框

标准双框图例，如图 3.17 所示。

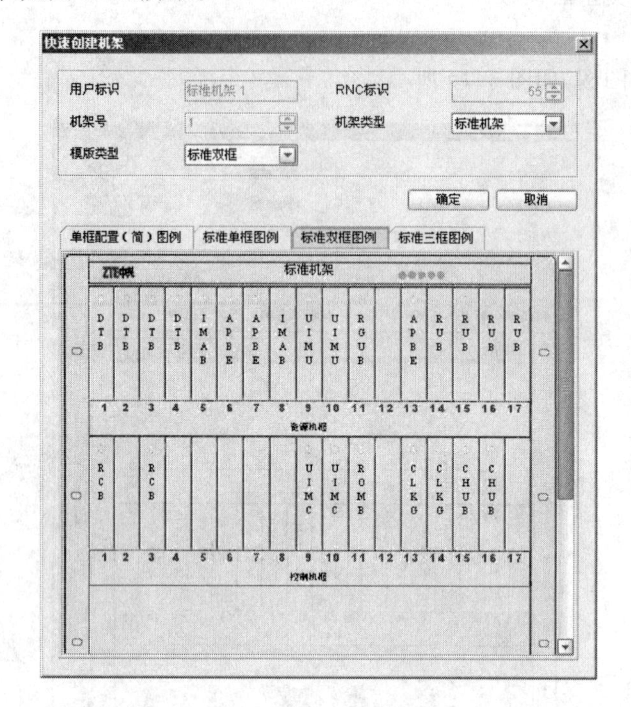

图 3.17　标准双框图例

④ 标准三框

标准三框图例，如图 3.18 所示。

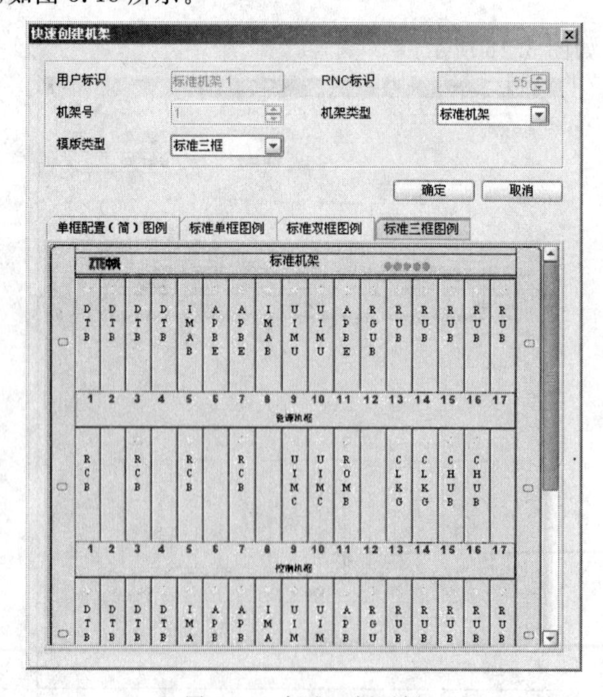

图 3.18　标准三框图例

3.4 实际操作流程

3.4.1 创建标准机架

创建标准机架页面如图 3.19 所示。配置时选择系统默认参数配置。

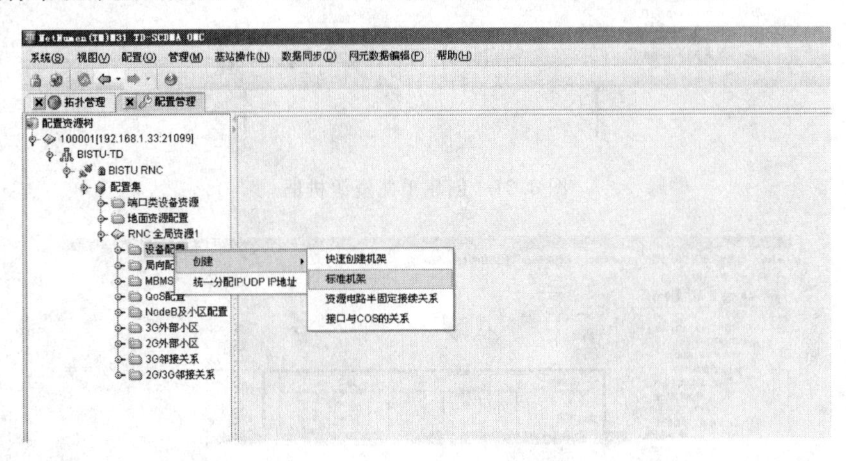

图 3.19 创建标准机架

在标准机架空白区域右键单击选择创建机框，首先创建千兆资源机框，分别如图 3.20、图 3.21 所示。然后继续在标准机架空白区域右键单击，创建控制机框，如图 3.22 所示。

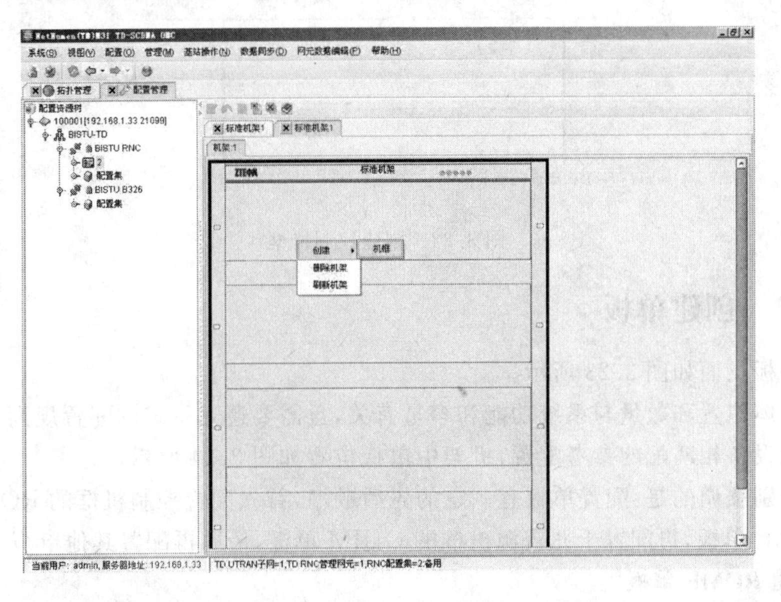

图 3.20 创建机框

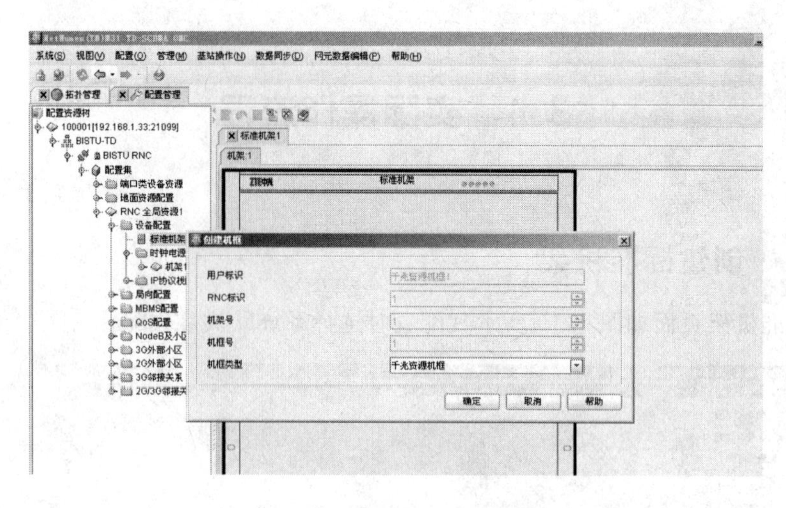

图 3.21　创建千兆资源机框

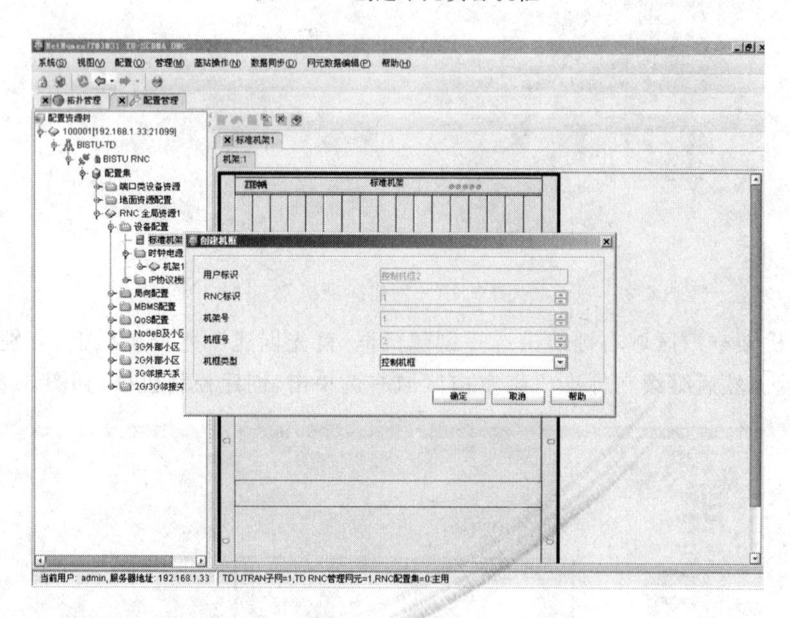

图 3.22　创建控制机框

3.4.2　创建单板

创建单板页面如图 3.23 所示。

单板具体位置和数量与系统功能和容量有关，且需要遵守一定的配置规则，这里给出与实验室系统设备相匹配的参考配置，机架中单板位置如图 3.24 所示。

需要特别强调的是：配置单板有一定的先后顺序，首先配置控制机框的 ROMB 单板，然后配置 UINC 单板，再配置千兆资源机框的 GUIM 单板，最后再配置其他单板。

1. 创建 ROMB 单板

(1) 先在控制机框的 11 和 12 槽位插入 ROMB 单板，如图 3.25 所示。

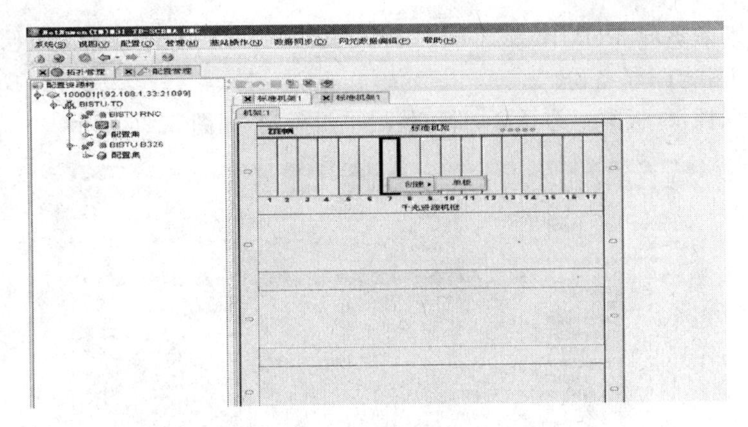

图 3.23 创建单板页面

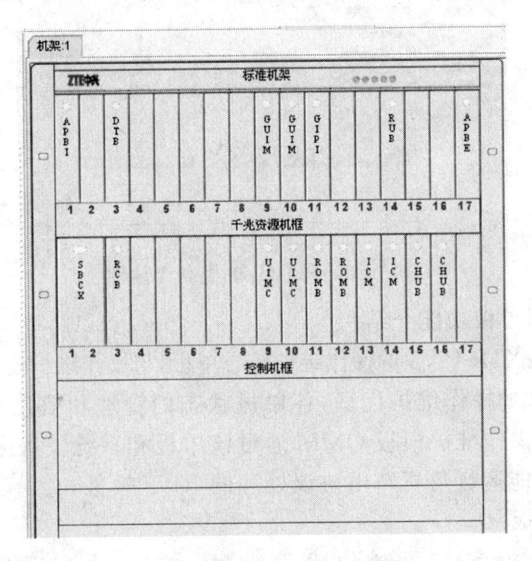

图 3.24 机架中单板位置图

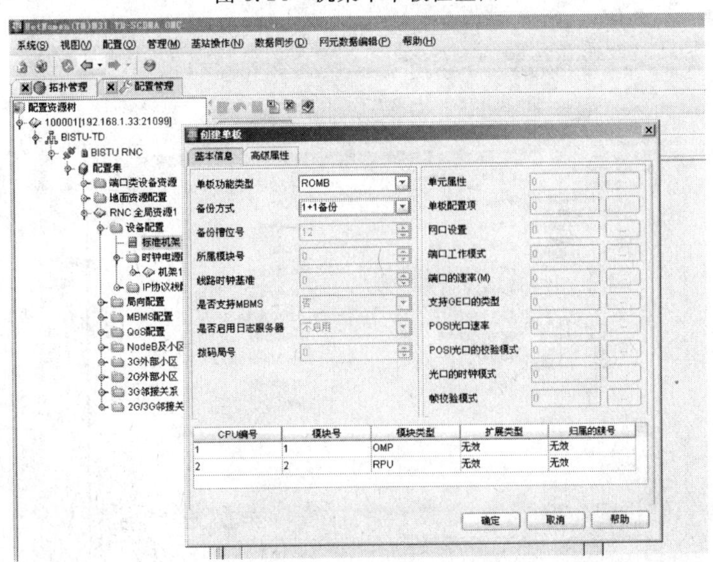

图 3.25 创建 ROMB 单板

(2) 单板功能类型:ROMB。

(3) 备份方式:1+1 备份。

(4) 高级属性:母板类型选择第一行,然后单击确定,如图 3.26 所示。

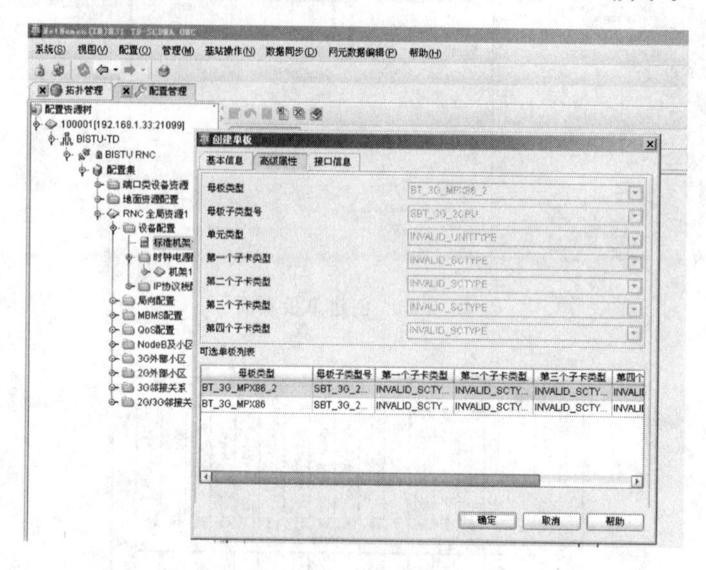

图 3.26　ROMB 单板高级属性

(5) 操作维护处理单板功能介绍:

① ROMB 单板是 ZXTR RNC 的操作维护核心单板,与操作维护模板 OMM 服务器相连。

② 负责整个 RNC 的操作维护代理,各单板状态的管理和信息的搜集,维护整个 RNC 的全局性的静态数据,操作维护模板 OMM 通过该单板和系统设备进行通信。

③ ROMB 上还可能运行负责路由协议处理的 RPU 模板。

2. 创建 UIMC 单板

(1) 在控制机框的 9 和 10 号槽位插入 UIMC 单板,单板功能类型为:UIMC。创建 UIMC 单板如图 3.27 所示。

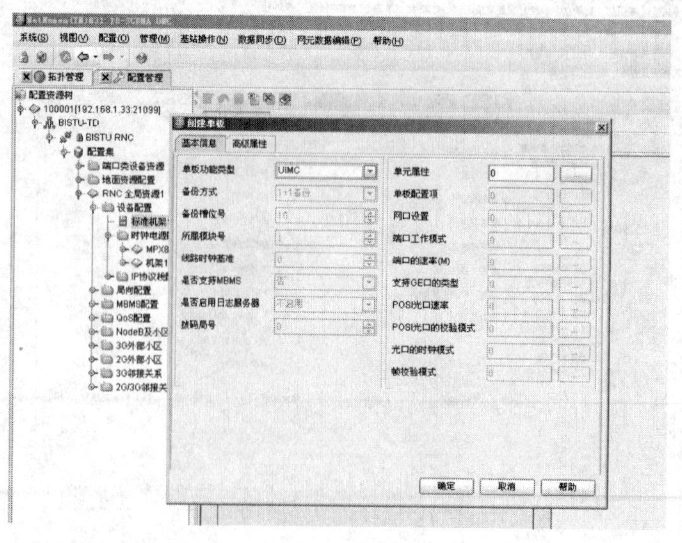

图 3.27　创建 UIMC 单板

(2) 单元属性:0。

(3) 高级属性母板类型选择第三行,然后单击确定,如图3.28所示。

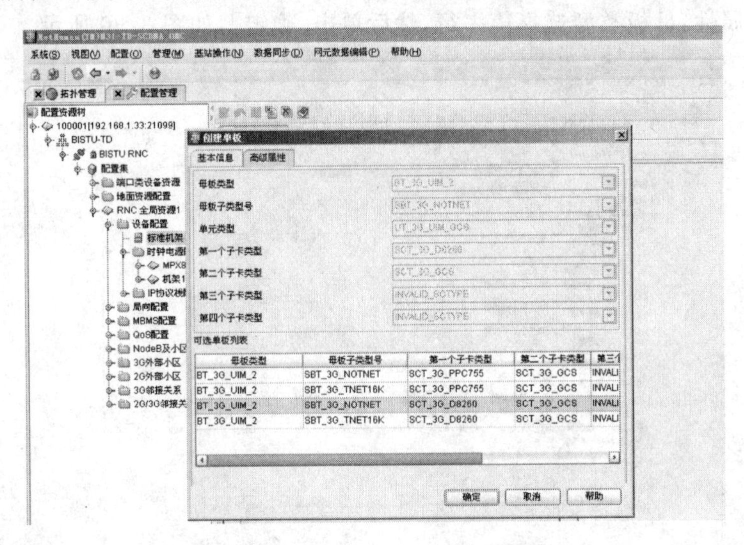

图3.28 UIMC单板高级属性

(4) 通用控制接口板功能介绍:

① 为控制框和交换框提供交换平台。

② 实现各单板的交换功能以及时钟处理。

③ 完成控制框以及交换框的二级交换,完成控制框管理功能,对内提供1个GE接口,用于控制面板的连接。

④ 提供控制框、交换框的时钟驱动功能,输入8 k/16 M时钟信号,为各单板提供8 k/16 M时钟。

3. 创建GUIM单板

(1) 在千兆资源机框9和10号槽位插入GUIM单板,如图3.29所示。

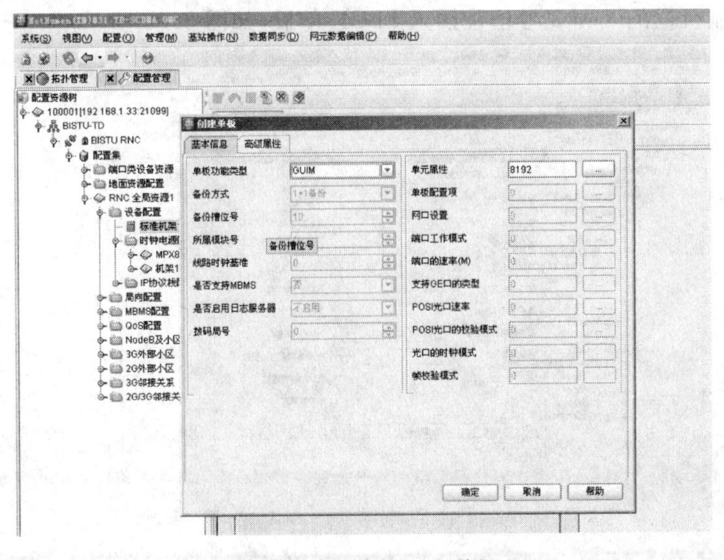

图3.29 创建GUIM单板

(2) 单板功能类型:GUIM。

(3) 单元属性:8192。

(4) 高级属性:母板类型选择第一行,然后单击[确定],如图 3.30 所示。

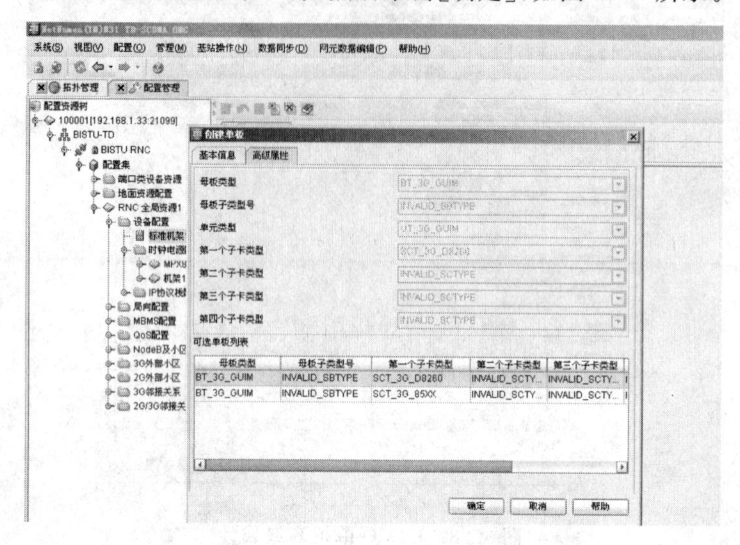

图 3.30　GUIM 单板高级属性

(5) 千兆通用接口模板功能介绍:

① GUIM 单板属于交换单元,与千兆资源框配套使用,实现 ZXTR RNC 系统的二级交换子系统用户面交换功能。

② GUIM 单板能够为该千兆资源框内部提供 16 k 电路交换功能,提供交换式 HUB,分为控制面和用户面两部分。

③ 提供资源框内时钟驱动功能,输入 8 k/16 M 系统,经过锁相、驱动后分发给资源框的各个槽位,为同框资源单板提供 8 k 和 16 M 时钟。

4. 创建 SBCX 单板

(1) 在控制机框的 1 和 2 号槽位插入 SBCX 单板,如图 3.31 所示。

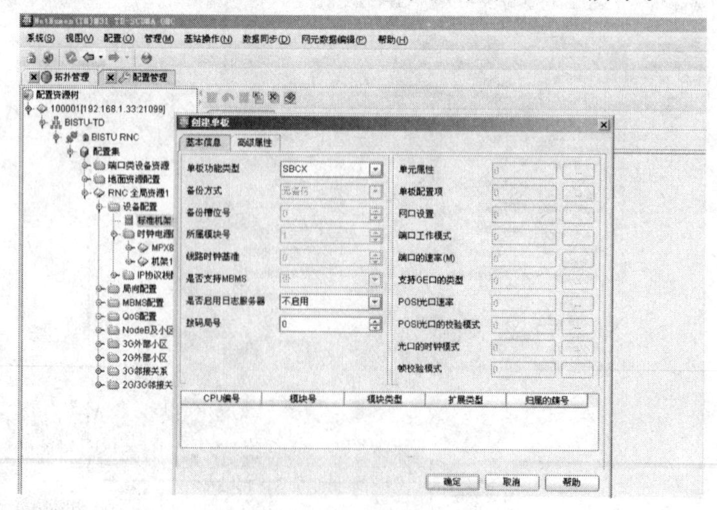

图 3.31　创建 SBCX 单板

(2) 单板功能类型:SBCX。

(3) 其他基本信息参数值和高级属性参数值都设置为系统默认值。

(4) 功能介绍

SBCX属于操作维护单元,是X86服务器单板,用于存储RNC和Node B的日志和性能数据,同时提供RNC和Node B的本地网管服务。它具有日志存储功能、性能数据存储功能和RNC本地网管功能。

5. 创建RCB单板

(1) 在控制机框的3槽位插入RCB单板,如图3.32所示。

(2) 单板功能类型:RCB。

(3) 备份方式:无备份。

(4) RCB单板中CPU编号、模块号、模块类型、扩展类型、归属的簇号等参数的配置值如图3.32所示。

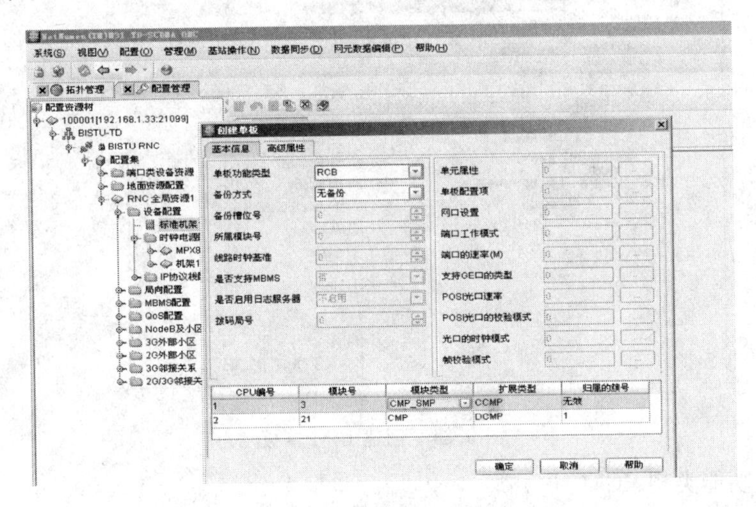

图3.32 创建RCB单板

(5) 高级属性:母板类型选择第一行,然后单击确定,如图3.33所示。

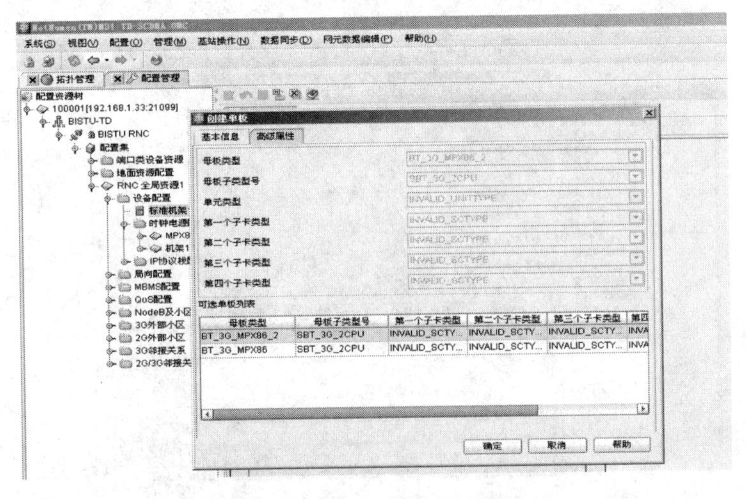

图3.33 RCB单板高级属性

（6）控制面处理板功能介绍：

① 完成 Iu、Iu-B、Iur 上控制面的协议处理。

② 作为 RNC 的控制面处理板。

③ 作为 RCP 时，完成 Iu/Iu-B/Iur、Uu 等接口协议的 RNC 侧的控制面信令、七号信令和 GPS 定位信息等处理。

④ 作为 RSP 时，完成 Iu/Iu-B/Iur 的协议处理。

⑤ 提供 2FE 的用户面控制面接口。

6. 创建 ICM 单板

（1）在控制机框的 13 和 14 号槽位插入 ICM 单板，如图 3.34 所示。

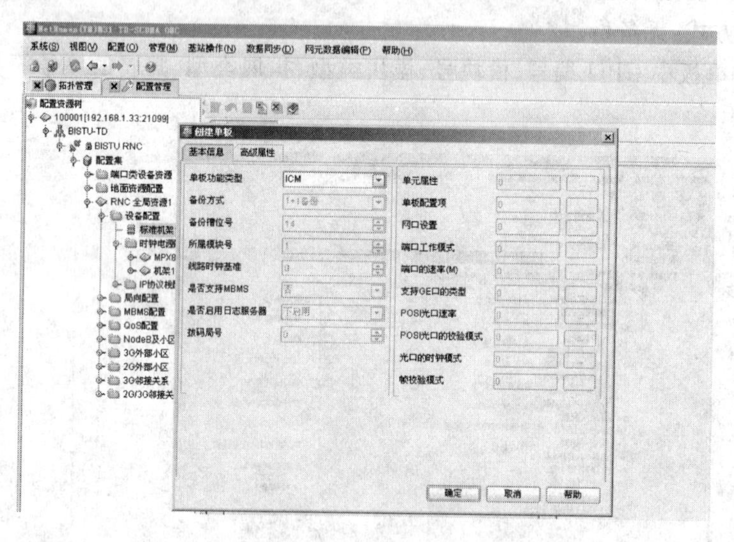

图 3.34　创建 ICM 单板

（2）单板功能类型：ICM。

（3）高级属性：母板类型选择第一行，然后单击[确定]，如图 3.35 所示。

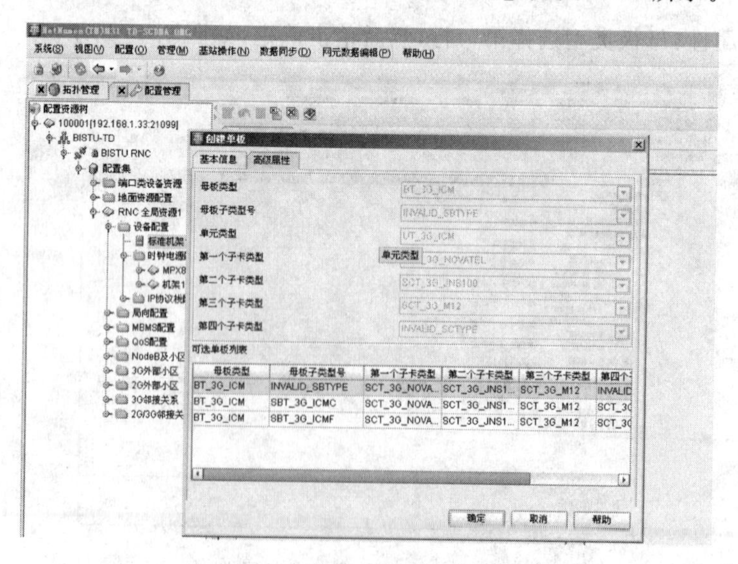

图 3.35　ICM 单板高级属性

7. 创建 CHUB 单板

(1) 在控制机框的 15 和 16 号槽位插入 CHUB 单板,如图 3.36 所示。

(2) 单板功能类型:CHUB。

(3) 备份方式:1+1 备份。

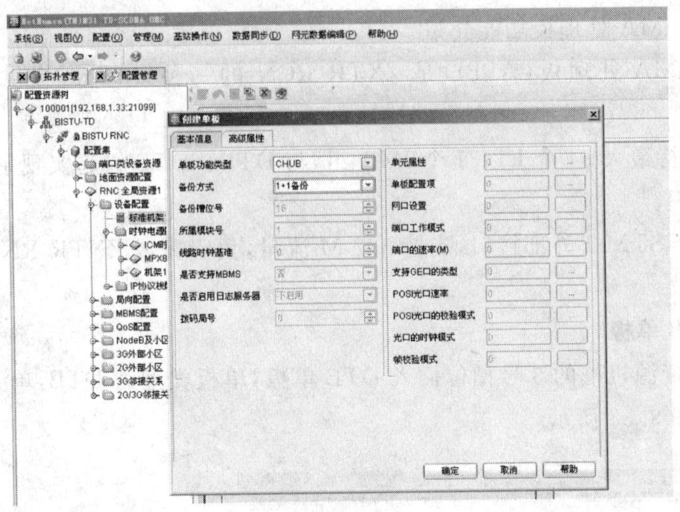

图 3.36 创建 CHUB 单板

(4) 高级属性各个参数值设置为系统默认值。

(5) 控制面互联板功能介绍:

① 为控制框和交换框提供交换平台。

② 用于 RNC 数据流的扩展与交换。

③ 通过后背板提供 46 路以太网连接。

④ 通过 1 G 光口与背板连接。

8. 创建 APBI 单板

(1) 在千兆资源机框的 1 号槽位插入 APBI 单板,如图 3.37 所示。

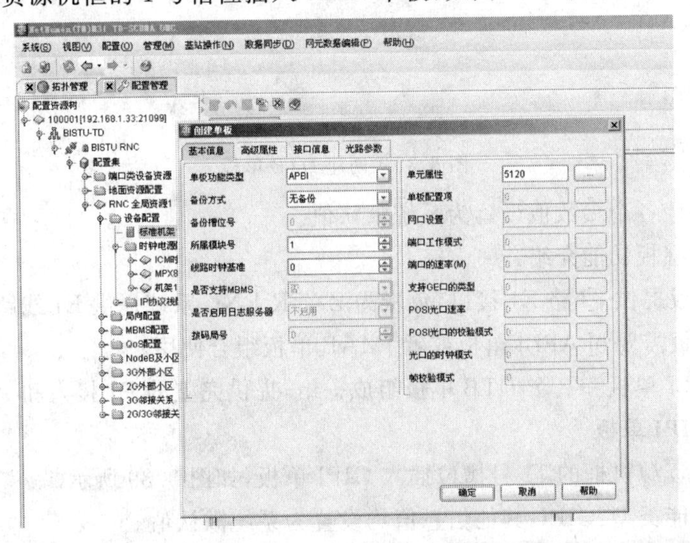

图 3.37 创建 APBI 单板

(2) 单板功能类型:APBI;单板属性:5120。

(3) 备份方式:无备份。

(4) 高级属性、接口信息、光路参数各个参数值均为系统默认值,然后单击[确定],如图3.37所示。

(5) ATM&IMA处理板功能介绍:

① ATM&IMA处理板(APBI)是ZXTR RCN的一种接口板,提供STM-1接入和IMA功能。

② APBI支持最大64个E1、31个IMA组,与DTB、SDTB一起实现系统E1、CSTM-1接口的IMA处理。

③ 提供4个STM-1外部接口,支持622 M流量,负责完成ZXTR RNC系统的AAL2和AAL5的终结。

9. 创建DTB单板

(1) 在千兆资源机框的3号槽位插入DTB单板,单板类型为DTB,单元属性值设置为系统默认值,如图3.38所示。

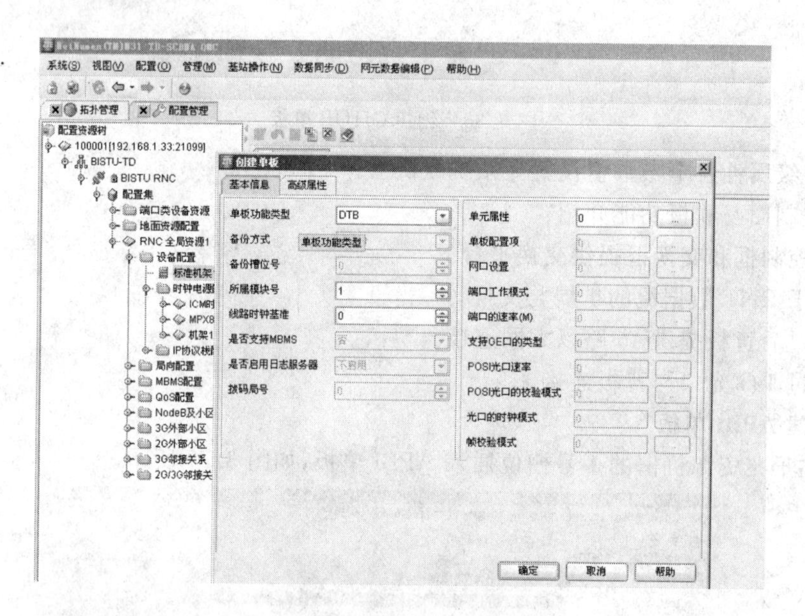

图3.38 创建DTB单板

(2) 高级属性各个参数值设置为系统默认值。

(3) 数字中继板功能介绍:

① DTB单板提供32路E1接口,负责为ZXTR RNC系统提供E1线路接口。

② DTB单板需要和APBI单板或者IMAB单板组合使用。

③ 1个APBI单板和2个DTB单板组成一组,提供完整的E1接入和ATM终结功能。

10. 创建GIPI单板

(1) 在千兆资源机框的11号槽位插入GIPI单板,如图3.39所示。

(2) 单板功能类型:GIPI,其他信息值均设置为系统默认值。

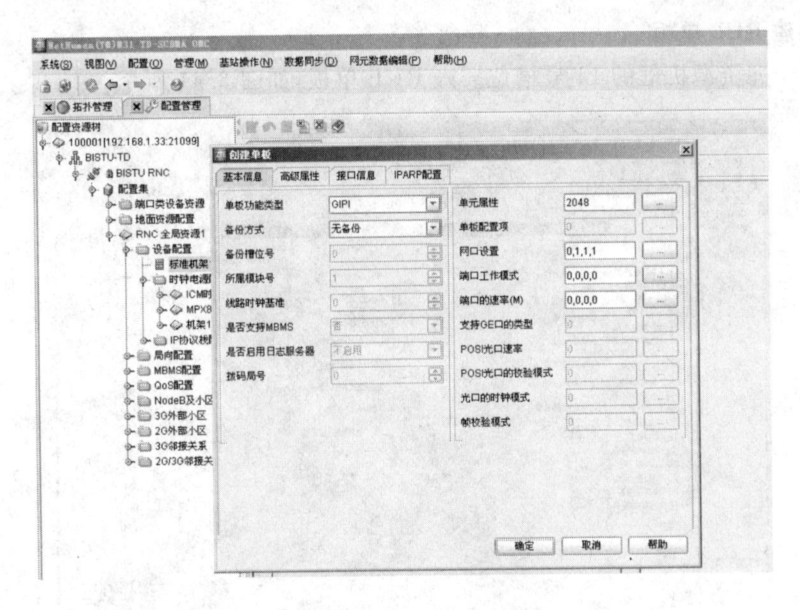

图 3.39 创建 GIPI 单板

(3) 高级属性:母板类型选择第一行,如图 3.40 所示。接口信息、IPARP 配置中各个参数值均为系统默认值。

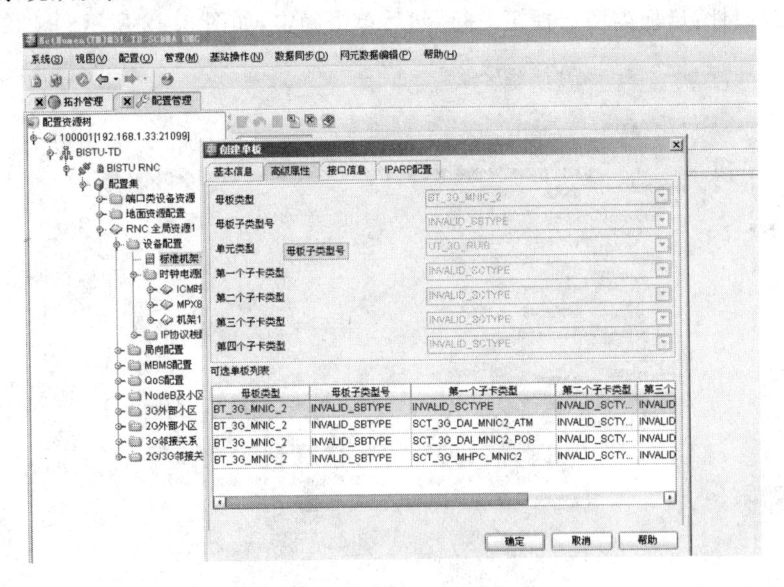

图 3.40 GIPI 单板高级属性

(4) IP 接口板功能介绍:

① 千兆以太网接口板(GIPI)是 ZXTR RNC 的一种接口板,提供 IP 接入。

② 实现各种 IP 接口和 OMCB 网关功能。

③ 提供用于外部连接的一对 STM-1 接口。

④ 提供用于内部连接的 1 个 FE 控制面接口。

11. 创建 RUB 单板

(1) 在千兆资源机框的 14 号槽位插入 RUB 单板,如图 3.41 所示。

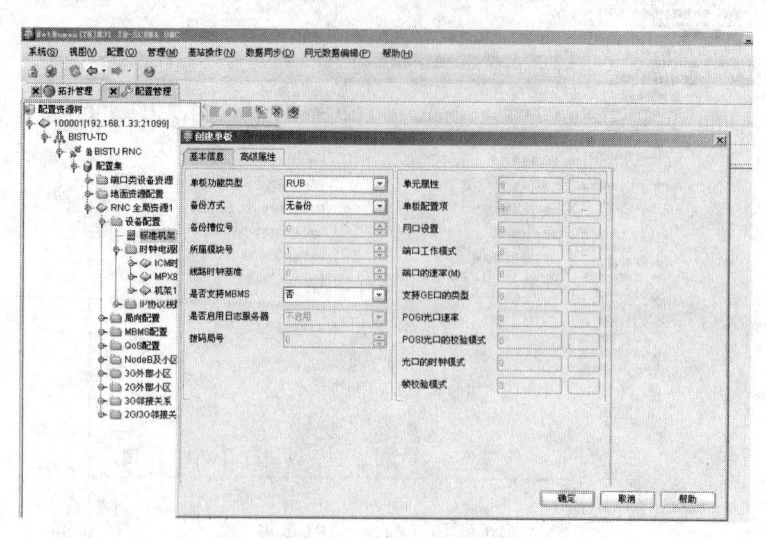

图 3.41 创建 RUB 单板

(2) 单板功能类型:RUB,其他参数值均设置为系统默认值。

(3) 高级属性:母板类型选择第三行,然后单击确定,如图 3.42 所示。

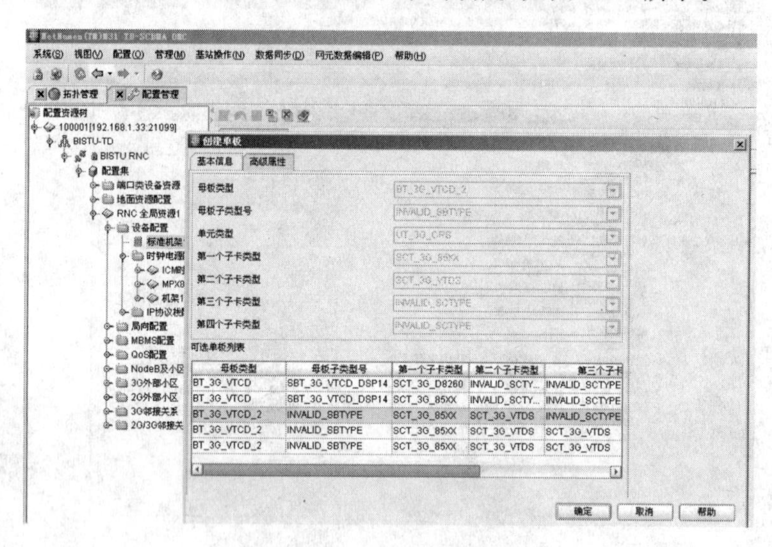

图 3.42 RUB 单板高级属性

(4) 用户面处理板功能介绍:

① RUB 单板是 ZXTR RNC 的用户面处理板,处理用户面协议。

② 用户面处理板 RUB 完成无线用户面协议处理,具体包括 CS 业务 FP/MAC/RLC/Iu-UP/PTR/PTCP 协议栈处理和 PS 业务 FP/MAC/RLC/PDCP/Iu-UP、GTP-U 协议处理。

③ 背板用户面端口支持 1 个 FE 口和 1 个 GE 口,交互数据量更大。

④ 支持 3 个子卡，每个子卡提供 5 片 DSP 组成的阵列，完成用户面协议处理功能。

12. 创建 APBE 单板

(1) 在千兆资源机框的 17 号槽位插入 APBE 单板，如图 3.43 所示。

(2) 其中 APBE 单板的单元属性中光纤复用结构选择 SDHAU-4。

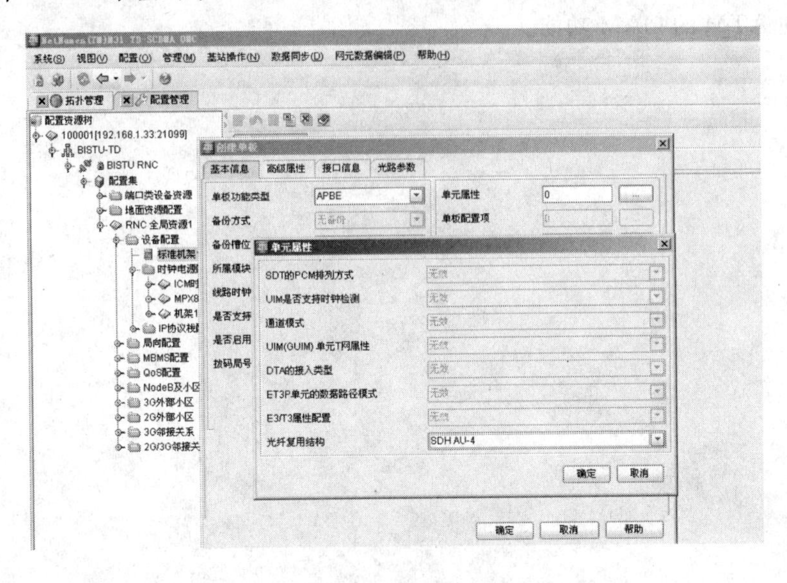

图 3.43 创建 APBE 单板

(3) 高级属性选择第三行，接口信息、光路参数各个参数值设置为系统默认值，如图 3.44所示。

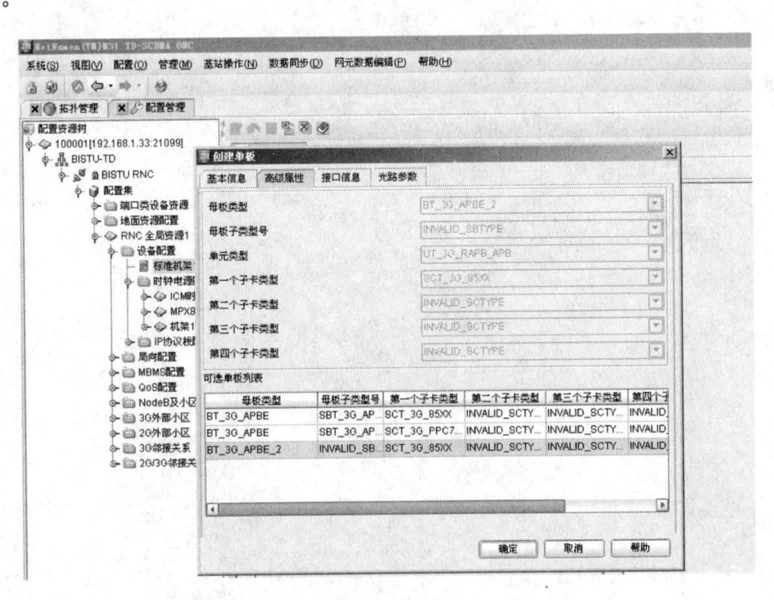

图 3.44 APBE 单板高级属性

(4) ATM 处理板功能介绍：

① ATM 处理板(APBE)用于 Iu/Iur/Iu-B 接口的 ATM 接口处理。

② 完成 STM-1 接口和 ATM 处理功能。

③ 支持 4 个 STM-1 的 ATM 光口，提供 64 路 E1 的 IMA 接入，支持 1∶1 备份。支持板内 1 对 APS，板件 4 对 APS 保护。支持 AAL2 最大 311 Mbit/s、AAL5 最大 622 Mbit/s 流量。

④ 实现 ATM 的 OAM 功能。

实训 4

局向配置

4.1 实训目的

熟悉如何进行局向配置，了解各个局向的接口网元。

4.2 实训主要内容

• ATM 通信端口配置。

ATM 通信端口配置说明：

(1) ATM 端口配置主要是对 RNC 及与 RNC 相连的 Iu-CS(MGW/MSCSERVER 局)、Iu-PS(SGSN 局)和 Iu-B(Node B 局)进行承载信令和承载数据的 AAL2 通道和 IPOA 的链路的配置。

(2) 无线网络控制器(RNC)和基站(Node B)之间可以使用 E1 连接或光纤连接。

(3) 无线网络控制器(RNC)和 SGSN 之间使用光纤连接。

(4) 无线网络控制器(RNC)和 MGW 之间可以使用 E1 连接或光纤连接。

(5) 无线网络控制器(RNC)和 MSC Server 之间可以使用 E1 连接、光纤连接，或者无物理连接，通过 MGW 转接到 MSC Server。

• Iu-CS 局向配置、Iu-PS 局向配置、ATM 端口配置。

局向配置说明：局向配置主要是对 RNC 及与 RNC 相连接的 Iu-CS(MGW/MSC-SERVER 局)、Iu-PS(SGSN 局)和 Iu-B(Node B 局)进行信令链路和用来承载数据的 AAL2 通道和 IPOA 的配置。

(1) AAL2 通道：即本 RNC 和相邻 ATM 局间的用户面数据承载通路，这种通道主要用于 RNC 和 CS 域以及 RNC 和 Node B 之间。

(2) IPOA 信息：配置在 ATM 上承载 IP，主要用于 RNC 和 PS 域之间的用户面数据通道以及 RNC 和 Node B 之间的 OMCB 数据通道。

(3) Iu-CS(MGW/MSC Server 局)、Iu-PS(SGSN 局)和 Iu-B(Node B 局)参数配置没有顺序关系。

4.3 实训基本操作

4.3.1 ATM 通信端口配置

1. 链路对接配置说明

RNC 网元环境，如图 4.1 所示。

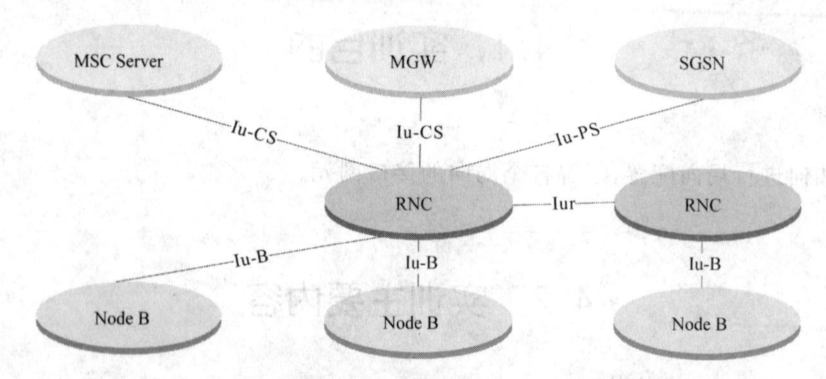

图 4.1 RNC 网元在 UMTS 系统中的网元环境框图

RNC 与邻接网元的对接配置类型及其各自需要配置的管理对象，见表 4.1。

表 4.1 对接配置的管理对象表

对接类型	需要配置的管理对象
与邻接 RNC 对接	RNC 类型的 ATM 局向
	承载 Iur 口用户数据的 AAL2 通道
	本局配置(信令点)
	邻接局配置(信令点、子业务字段)
	局向路由
	路由信息
	信令链路组
与 MSC Server 对接	CN 类型的 ATM 局向
	承载 Iu-PS 口 IPOA 链路
	承载 Iu-CS 用户数据的 AAL2 通道
	本局配置(信令点)
	邻接局配置(信令点、子业务字段)
	局向路由
	路由信息
	信令链路组

续 表

对接类型	需要配置的管理对象
与 MGW 对接	CN 类型的 ATM 局向
	承载 Iu-PS 口 IPOA 链路
	承载 Iu-CS 用户数据的 AAL2 通道
	本局配置(信令点)
	邻接局配置(信令点、子业务字段)
	局向路由
	路由信息
	信令链路组
与 SGSN 对接	CN 类型的 ATM 局向
	承载 Iu-PS 口 IPOA 链路
	承载 Iu-CS 用户数据的 AAL2 通道
	本局配置(信令点)
	邻接局配置(信令点、子业务字段)
	局向路由
	路由信息
	信令链路组
与 Node B 对接	Node B 局向
	Iu-B 口的 NCP/CCP/ALCAP/OMCB 对应的 PVC 链路
	ATM 信令链路
	Iu-B 口用户数据的 AAL2 通道
	Node B 资源归属关系
	有关 Node B 的 ATM 配置
	OMCB 类型的 IPOA VC 配置

2. 对接参数

实现对接需要和对端网元协商配置的参数,对接配置参数见表 4.2。

表 4.2 对接配置参数表

名称	配置方法	备注
ATM 地址	① 本 RNC 向邻接 RNC 提供 ② 邻接 RNC 向本 RNC 提供 ③ 邻接 Node B 向本 RNC 提供 ④ CN 向本 RNC 提供	Iu/Iur/Iu-B
AAL5 PVC 端口 VPI、VCI	若 PVC 没有经过传输交换,在 Iu/Iur/Iu-B 口双方网元配置一致;若 PVC 经过交换,双方应根据交换情况配置 VPI 与 VCI	承载 Iu-B 口 NCP、CCP、ALCAP、OMCB 链路;承载 Iu/Iur 口宽带信令链路;承载 Iu-PS 口 IPOA 链路

续表

名称	配置方法	备注
AAL2 PVC 端口 VPI、VCI	若 PVC 没有经过传输交换，在 Iu/Iur/Iu-B 口双方网元配置一致；若 PVC 经过交换，双方应根据交换情况配置 VPI 与 VCI	承载 Iu-CS/Iur/Iu-B 口用户数据
AAL2 PVC 与 AAL5 PVC 的 QoS 类型	双方网元对每个 AAL2 或 AAL5 PVC 配置相同的服务类型与流量参数	服务类型包括：CBR、rt-VBR、nrt-VBR、UBR、ABR；与各种流量类型相关的参数包括：低端到高端流量类型、高端到低端流量类型等
AAL2 PathId	双方网元对每个 AAL2 PVC 配置相同的 PathId	PathId 不能重复
信令点编码 SPC	① 邻接 RNC、MSC、MGW 与 SGSN 向本地 RNC 提供信令点编码 ② 本地 RNC 向邻接 RNC、MSC、MGW 与 SGSN 提供本地信令点编码	只在有信令关系的 Iu 与 Iur 口上配置
信令路由与信令链路组	邻接的双方网元需要配置到达对方的信令路由与信令链路组	只在有信令关系的 Iu 与 Iur 口上配置，到达一个目的局向可以有多个路由，路由可以直达也可以经过信令转接点
MCC	国家号，由 CN 提供给 RNC，或与对端 RNC 或 BSC 交换	RNC 所属移动国家号码
MNC	网号，由 CN 提供给 RNC，或与对端 RNC 或 BSC 交换	RNC 所属移动网络号码，MCC＋MNC 唯一确定一个 PLMN
RNCID	RNC 号，由 RNC 提供给 CN，或与对端 RNC 或 BSC 交换	RNC 号码在某个 PLMN 内，RNC 号码唯一确定一个 RNC

3. ATM 通信端口配置

在创建局向配置之前，需要创建 ATM 通信端口配置。

1）任务目的

创建 ATM 通信端口配置。

2）应用场景

(1) 手工初始配置，创建新的 ATM 通信端口配置。

(2) 扩容增加配置，创建新的 ATM 通信端口配置。

3）任务准备

已经创建成功机架。

4）操作步骤

(1) 在配置资源树窗口，右键单击选择[server]→[子网用户标识]→[管理网元用户标识]→[配置集标识]→[RNC 全局资源标识]→[局向配置]→[创建]→[ATM 通信端口配置]，如图 4.2 所示。

(2) 单击[ATM 通信端口配置]，弹出对话框如图 4.3 所示。

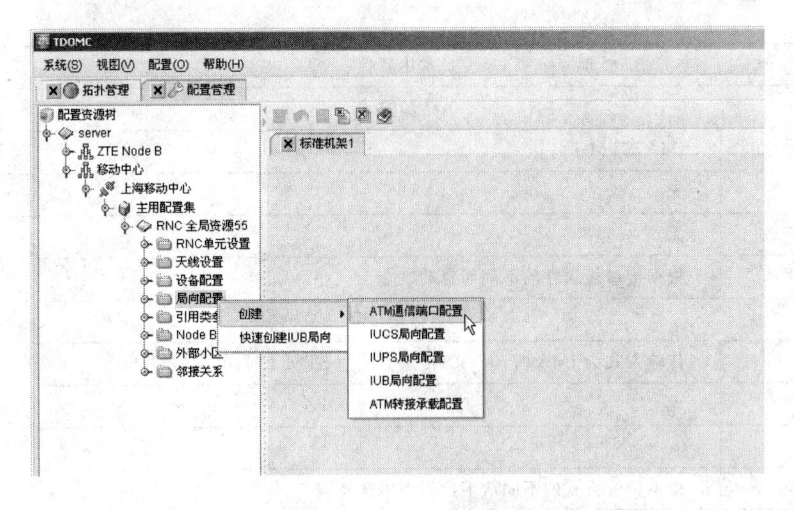

图 4.2 创建 ATM 通信端口配置

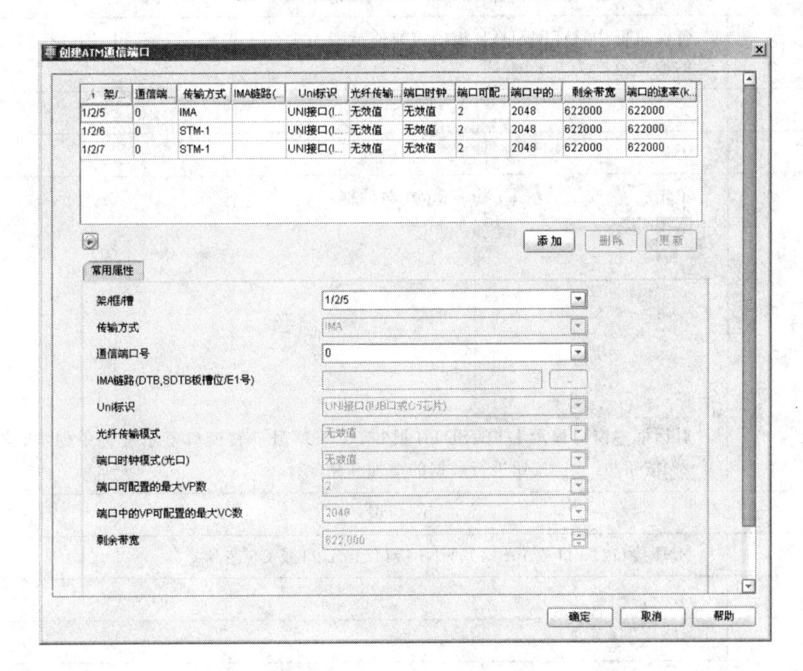

图 4.3 ATM 通信端口配置常用属性对话框

与图 4.3 内容相关的关键参数，见表 4.3。

表 4.3 ATM 通信端口配置常用属性

常用属性	
架/框/槽	
值域	1/1/1～16/4/17
单位	无
缺省值	无
配置说明	此参数显示接口板位置属性。参数(架/框/槽)分别代表机架、机框、机槽。机架的取值范围为 1～16，机框的取值范围为 1～4，机槽的取值范围为 1～17

续 表

常用属性	
传输方式	
值域	IMA,STM-1
单位	无
缺省值	无
配置说明	根据接口板属性的不同而自动改变
通信端口号	
值域	传输方式为 IMA 时:0～30;传输方式为 STM-1 时:0,4,5,6,7
单位	无
缺省值	0
配置说明	根据传输方式的不同从下拉列表中选择端口
IMA 链路(DTB、SDTB 板槽位/E1 号)	
值域	资源机框中,DTB、SDTB 板槽位取值范围为 1,2,3,4,5,6,7,8,11,12,13,14,15,16,17;E1 号的取值范围为 9～40
单位	无
缺省值	无
配置说明	单击 ... 按钮显示 E1 link input 对话框: 。 对话框左窗口显示 DTB、SDTB 板“槽位/E1”号。右窗口显示被选中的“槽位/E1”号。用 >> 按钮与 << 按钮进行数据的增加和删除
Uni 标识	
值域	NNI 接口(Iu 口或 Iur 口),UNI 接口(Iu-B 口或 C5 芯片)
单位	无
缺省值	无
配置说明	根据 ATM 局向类型选择,配置 Iu 口或 Iur 口时选择 NNI;配置 Iu-B 口或 C5 芯片时选择 UNI 口
光纤传输模式	
值域	SDH,SONET,无效值
单位	无
缺省值	无
配置说明	根据光纤的传输模式选择
端口时钟模式(光口)	
值域	本地时钟模式,远端时钟模式,无效值
单位	无
缺省值	无

续表

常用属性	
配置说明	根据本局的时钟模式选择光口的时钟模式
端口可配置的最大 VP 数	
值域	2,4,8,16,32,64,128,256,512
单位	无
缺省值	32
配置说明	ATM 子单元号= 0 时,子单元可配置的最大 VP 数= 2;ATM 子单元号>0 时,UNI 接口子单元可配置的最大 VP 数为 255,NNI 接口 VP 数最大为 4 095
端口中的 VP 可配置的最大 VC 数	
值域	64,128,256,512,1 024,2 048,4 096,8 192,16 384
单位	无
缺省值	256
配置说明	ATM 子单元号 = 0 时,子单元中的 VP 可配置的最大 VC 数 = 2 048; ATM 子单元号>0 时,VP 可以配置的最大-VC 数取值范围为 0~65 535

(3) 单击[确定]按钮,成功创建 ATM 资源配置。

4.3.2 Iu-CS 局向配置

1. 任务目的

创建一个新的 Iu-CS 局向。

2. 应用场景

创建本 RNC 连接到 CN 的 CS 局向。

3. 任务准备

已经创建成功 ATM 通信端口。

4. 操作步骤

(1) 在配置资源树窗口,右键单击选择[server]→[子网用户标识]→[管理网元用户标识]→[配置集标识]→[RNC 全局资源标识]→[局向配置]→[创建]→[IUCS 局向配置],如图 4.4 所示。

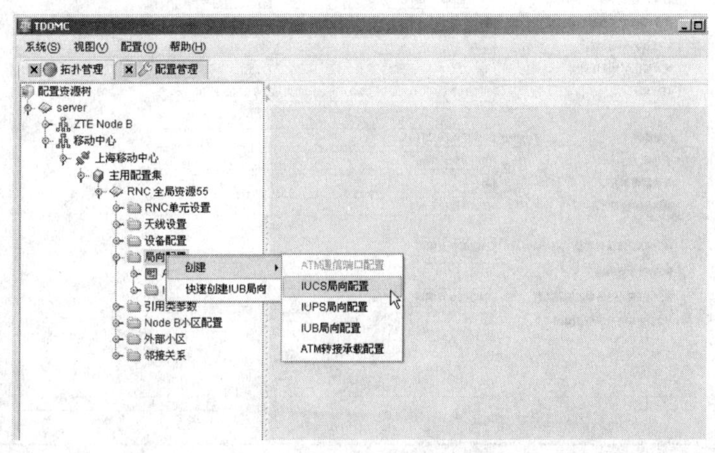

图 4.4 创建 Iu-CS 局向配置选择路径示意图

（2）单击[IUCS局向配置]，弹出对话框如图4.5所示。

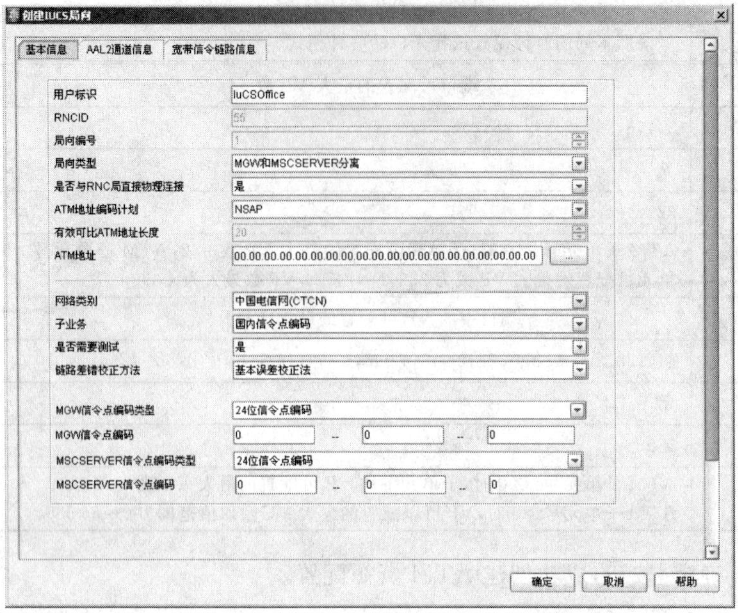

创建IUCS局向

基本信息　AAL2通道信息　宽带信令链路信息

用户标识	IuCSOffice
RNCID	55
局向编号	1
局向类型	MGW和MSCSERVER分离
是否与RNC局直接物理连接	是
ATM地址编码计划	NSAP
有效可比ATM地址长度	20
ATM地址	00.00.00.00.00.00.00.00.00.00.00.00.00.00.00.00.00.00.00.00
网络类别	中国电信网(CTCN)
子业务	国内信令点编码
是否需要测试	是
链路差错校正方法	基本误差校正法
MGW信令点编码类型	24位信令点编码
MGW信令点编码	0 -- 0 -- 0
MSCSERVER信令点编码类型	24位信令点编码
MSCSERVER信令点编码	0 -- 0 -- 0

确定　取消　帮助

图4.5　创建Iu-CS局向配置对话框

[创建IUCS局向]页面包含[基本信息]、[AAL2通道信息]、[宽带信令链路信息]三个子页面，下面对每个子页面分别进行介绍。

① [基本信息]页面

[基本信息]页面如图4.6所示。

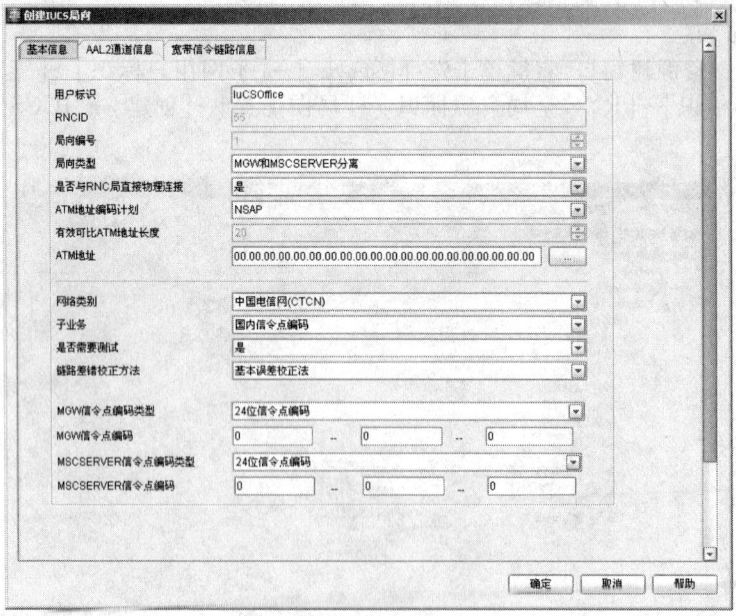

创建IUCS局向

基本信息　AAL2通道信息　宽带信令链路信息

用户标识	IuCSOffice
RNCID	55
局向编号	1
局向类型	MGW和MSCSERVER分离
是否与RNC局直接物理连接	是
ATM地址编码计划	NSAP
有效可比ATM地址长度	20
ATM地址	00.00.00.00.00.00.00.00.00.00.00.00.00.00.00.00.00.00.00.00
网络类别	中国电信网(CTCN)
子业务	国内信令点编码
是否需要测试	是
链路差错校正方法	基本误差校正法
MGW信令点编码类型	24位信令点编码
MGW信令点编码	0 -- 0 -- 0
MSCSERVER信令点编码类型	24位信令点编码
MSCSERVER信令点编码	0 -- 0 -- 0

确定　取消　帮助

图4.6　基本信息页面(Iu-CS局向配置)

[基本信息]页面的关键参数，见表 4.4。

表 4.4 基本信息参数表(Iu-CS 局向配置)

基本信息	
用户标识	
值域	最大长度 40 的字符串
单位	无
缺省值	Iu-CS Office
配置说明	方便用户识别的具体子网对象名称
局向类型	
值域	MGW 和 MSC Server 分离，MGW 和 MSC Server 合一
单位	无
缺省值	MGW 和 MSC Server 分离
配置说明	用户根据网络类型选择
是否与 RNC 局直接物理连接	
值域	是，否
单位	无
缺省值	是
配置说明	用户根据网络连接类型选择
子业务	
值域	国内信令点编码，国内备用信令点编码，国际备用信令点编码，国际信令点编码
单位	无
缺省值	国内信令点编码
配置说明	用户根据网络类型选择
是否需要测试	
值域	是，否
单位	无
缺省值	是
配置说明	用户根据需要选择
链路差错校正方法	
值域	基本误差校正法，预防循环重发校正法 PCR
单位	无
缺省值	基本误差校正法
配置说明	用户根据链路类型选择
MGW 信令点编码类型	
值域	14 位信令点编码，24 位信令点编码
单位	无

续表

基本信息	
缺省值	24 位信令点编码
配置说明	需要 CN 侧提供
MGW 信令点编码	
值域	0～255,0～255,0～255
单位	无
缺省值	0,0,0
配置说明	参照“概论”和“2.3.4 RNC 全局资源”中有关信令点的说明
MSC Server 信令点编码类型	
值域	14 位信令点编码,24 位信令点编码
单位	无
缺省值	24 位信令点编码
配置说明	需要 CN 侧提供
MSC Server 信令点编码	
值域	0～255,0～255,0～255
单位	无
缺省值	0,0,0
配置说明	参照“概论”和“2.3.4 RNC 全局资源”中有关信令点的说明

② [AAL2 通道信息]页面

[AAL2 通道信息]页面如图 4.7 所示。

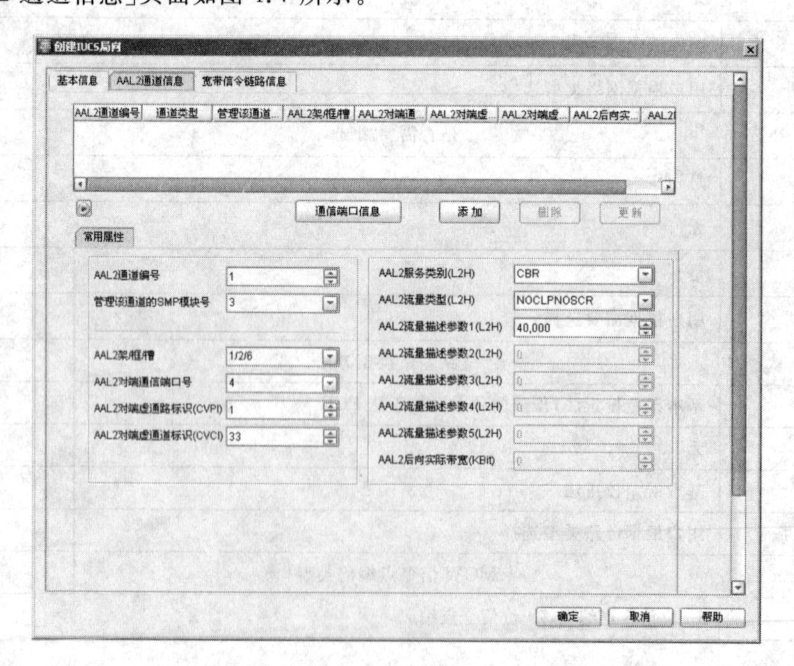

图 4.7　AAL2 通道信息常用属性对话框(Iu-CS 局向配置)

[AAL2 通道信息]页面的关键参数,见表 4.5。

表 4.5 AAL2 通道信息常用属性参数表(Iu-CS 局向配置)

常用属性	
AAL2 通道编号	
值域	0~4 294 967 295
单位	无
缺省值	0
配置说明	通道编号不可以重复
管理该通道的 SMP 模块号	
值域	1,3~127
单位	无
缺省值	1
配置说明	根据用户设置 SMP 模块时的位置变化来进行配置
AAL2 架/框/槽	
值域	1/1/1~16/4/17
单位	无
缺省值	无
配置说明	在下拉列表中选择 Iu-CS 局向所在的接口单元
AAL2 对端通信端口号	
值域	4,5,6,7,该板上无 NNI 端口
单位	无
缺省值	无
配置说明	理论上,IMAB 板可作为对 CN 局向的接口板,但是由于带宽较小,不建议用作 CN 局向 ATM 承载,对端通信端口号对应于与本端相同的单元所创建的 ATM 端口号
AAL2 对端虚通路标识(CVPI)	
值域	0~65 535
单位	无
缺省值	1
配置说明	CVPI,CVCI 的组合唯一;对端虚通路标识(CVPI)小于子单元可配置的最大 VP 数
AAL2 对端虚通道标识(CVCI)	
值域	32~65 535
单位	无
缺省值	33
配置说明	CVPI,CVCI 的组合唯一;对端虚通道标识(CVCI)小于子单元中 VP 可配置的最大 VC 数
AAL2 服务类别(L2H)	
值域	CBR,rtVBR,nrtVBR,ABR,UBR
单位	无
缺省值	CBR

续表

常用属性	
配置说明	基于流量特性和 QoS 参数，ATM 层业务类别可划分为 5 类： ① CBR CBR 为固定比特率，可以提供固定的传送速率，即在连接存在期间，网络要提供连续可用的静态带宽分配，带宽值用 PCR(峰值速率)表述 CBR 用来支持严格时延限制的实时应用 ② rt-VBR rt-VBR 为实时可变比特率，信源可以变速发送信元。VBR 在较长时间的平均速率为 SCR(持续信元速率)，峰值期间偶尔为 PCR rt-VBR 用于非固定速率传送的实时应用 ③ nrt-VBR nrt-VBR 为非实时的可变比特率，与 rt-VBR 类似，但不规定时延方面的要求，而是提供低的 CLR(信元丢失率) nrt-VBR 适用于低 CLR 的数据传送 ④ ABR ABR 为可用比特率，与 UBR 相比，ABR 可使 CLR 保持在可接受的水平同时又使网络资源得到有效的利用，ABR 业务力求在所有 ABR 用户之间以公正的方法来动态共享可用的带宽资源。为了达到资源有效共享而又保证一定的 CLR 要求，ABR 业务要有流量控制机制，支持各种形式的反馈控制来调节信源速率 ⑤ UBR UBR 为未定比特率，用来支持非实时的尽力而为(best-effort)的业务。UBR 不支持任何 QoS 要求。UBR 业务类别由 ATM 用户信元速率信息单元中的 Best-effort-indicator 标明 UBR 适用文件传送、电子邮件之类的业务
AAL2 流量类型(L2H)	
值域	服务类别(L2H)= CBR 时为 NOCLPNOSCR，CLPTRSPRTNOSCR，NOCLPNOSCRDVT 服务类别(L2H)= rtVBR 时为 NOCLPNOSCR，CLPNOTAGSCR，CLPNOTAGSCRCD-VT，CLPTAGSCR，CLPTAGSCRCDVT，CLPTRSPRTSCR，NOCLPSCRCDVT，NOCLPSCR 服务类别(L2H)= nrtVBR 时为 NOCLPNOSCR，CLPNOTAGSCR，CLPNOTAGSCRCD-VT，CLPTAGSCR，CLPTAGSCRCDVT，CLPTRSPRTSCR，NOCLPSCRCDVT，NOCLPSCR 服务类别(L2H)= ABR 时为 CLPNOTAGMCR 服务类别(L2H)= UBR 时为 NOCLPNOSCR，NOCLPNOSCRCDVT，NOCLPTAGNOSCR
单位	无
缺省值	NOCLPNOSCR
配置说明	—
AAL2 流量描述参数 1(L2H)	
值域	0～4 294 967 295
单位	无
缺省值	40 000
配置说明	—

③［宽带信令链路信息］页面

[宽带信令链路信息]页面如图 4.8 所示。

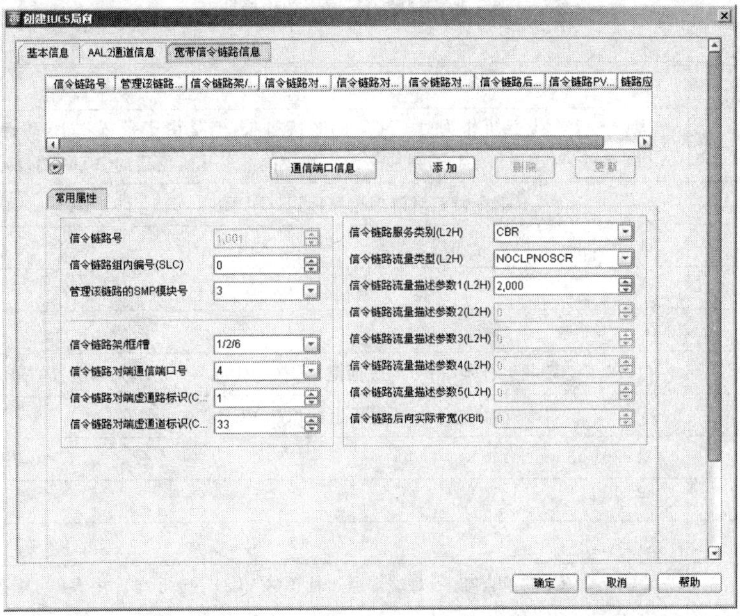

图 4.8　宽带信令链路信息对话框(Iu-CS 局向配置)

[宽带信令链路信息]页面关键参数,见表 4.6。

表 4.6　宽带信令链路信息常用属性参数表(Iu-CS 局向配置)

宽带信令链路信息中的常用属性	
信令链路组内编号(SLC)	
值域	0～15
单位	无
缺省值	0
配置说明	—
管理该链路的 SMP 模块号	
值域	1,3～127
单位	无
缺省值	1
配置说明	根据用户设置 SMP 模块的位置变化来进行配置
信令链路架/框/槽	
值域	1/1/1～16/4/17
单位	无
缺省值	无
配置说明	在下拉列表中选择 Iu-CS 局向所在的接口单元
信令链路对端通信光口号	
值域	4,5,6,7,该板上无 NNI 端口

续表

宽带信令链路信息中的常用属性	
单位	无
缺省值	无
配置说明	理论上,IMAB板可作为对CN局向的接口板,但是由于带宽较小,不建议用作CN局向ATM承载,对端通信端口号对应于与本端相同的单元所创建的ATM端口号
信令链路对端虚通路标识(CVPI)	
值域	0～65 535
单位	无
缺省值	1
配置说明	CVPI,CVCI的组合唯一;对端虚通路标识(CVPI)小于子单元可配置的最大VP数
信令链路对端虚通道标识(CVCI)	
值域	32～65 535
单位	无
缺省值	33
配置说明	CVPI,CVCI的组合唯一;对端虚通道标识(CVCI)小于子单元中VP可配置的最大VC数
信令链路服务类别(L2H)	
值域	CBR,rtVBR,nrtVBR,ABR,UBR
单位	无
缺省值	CBR
配置说明	—
信令链路流量类型(L2H)	
值域	服务类别(L2H)= CBR时为NOCLPNOSCR,CLPTRSPRTNOSCR,NOCLPNOSCRDVT 服务类别(L2H)= rtVBR时为NOCLPNOSCR,CLPNOTAGSCR,CLPNOTAGSCRCD-VT,CLPTAGSCR,CLPTAGSCRCDVT,CLPTRSPRTSCR,NOCLPSCRCDVT,NOCLPSCR 服务类别(L2H)= nrtVBR时为NOCLPNOSCR,CLPNOTAGSCR,CLPNOTAGSCRCD-VT,CLPTAGSCR,CLPTAGSCRCDVT,CLPTRSPRTSCR,NOCLPSCRCDVT,NOCLPSCR 服务类别(L2H)= ABR时为CLPNOTAGMCR 服务类别(L2H)= UBR时为NOCLPNOSCR,NOCLPNOSCRCDVT,NOCLPTAGNOSCR
单位	无
缺省值	NOCLPNOSCR
配置说明	—
信令链路流量描述参数1(L2H)	
值域	0～4 294 967 295
单位	无
缺省值	2 000
配置说明	—

(3) 单击[确定]按钮,创建对应 Iu-CS 局向配置。

4.3.3　Iu-PS 局向配置

1. 任务目的

创建一个新的 Iu-PS 局向。

2. 应用场景

创建本 RNC 连接到 CN 的 PS 局向。

3. 任务准备

已经创建成功 ATM 通信端口。

4. 操作步骤

(1) 在配置资源树窗口,右键单击选择[server]→[子网用户标识]→[管理网元用户标识]→[配置集标识]→[RNC 全局资源标识]→[局向配置]→[创建]→[IUPS 局向配置]。

(2) 单击[IUPS 局向配置],弹出对话框如图 4.9 所示。

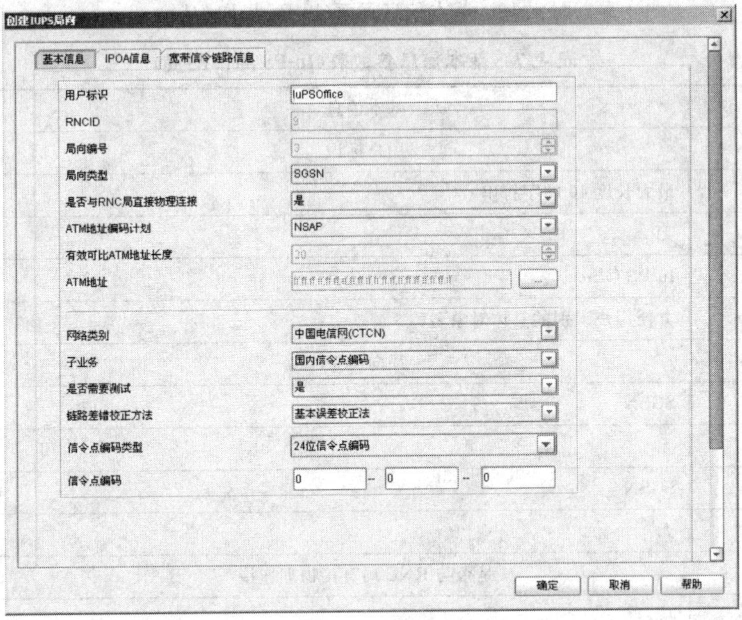

图 4.9　创建 Iu-PS 局向配置对话框

[创建 IUPS 局向]页面分为[基本信息]、[IPOA 信息]、[宽带信令链路信息]三个页面,下面对每个页面分别进行介绍。

① [基本信息]页面

[基本信息]页面如图 4.10 所示。

[基本信息]页面的关键参数,见表 4.7。

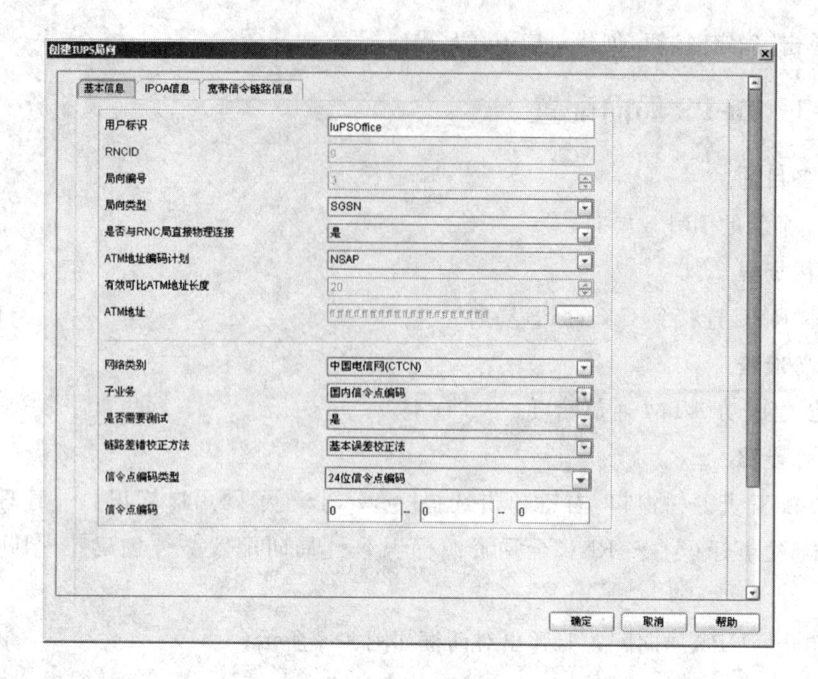

图 4.10　基本信息页面(Iu-PS 局向配置)

表 4.7　基本信息参数表(Iu-PS 局向配置)

基本信息	
用户标识	
值域	最大长度 40 的字符串
单位	无
缺省值	Iu-PS Office
配置说明	方便用户识别的具体对象名称
局向类型	
值域	SGSN
单位	无
缺省值	SGSN
配置说明	无
是否与 RNC 局直接物理连接	
值域	是,否
单位	无
缺省值	是
配置说明	—
ATM 地址编码计划	
值域	E164,NSAP
单位	无
缺省值	NSAP

续 表

基本信息	
配置说明	根据用户实际配置选择 ATM 编址类型
是否需要测试	
值域	是,否
单位	无
缺省值	是
配置说明	—
链路差错校正方法	
值域	基本误差校正法,预防循环重发校正法 PCR
单位	无
缺省值	基本误差校正法
配置说明	—

② [IPOA 信息]页面

[IPOA 信息]页面如图 4.11 所示。

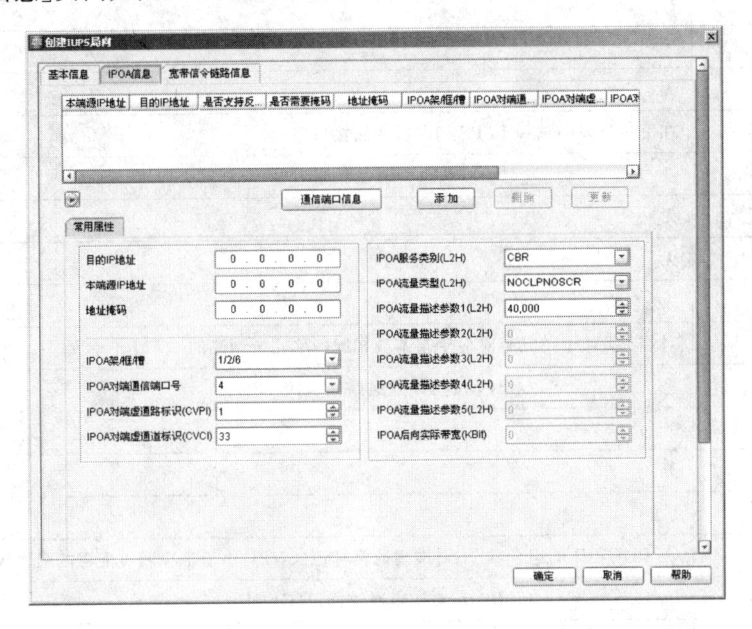

图 4.11 IPOA 信息(Iu-PS 局向配置)

IPOA 信息[常用属性]页面关键参数,见表 4.8 所示。

表 4.8 IPOA 信息常用属性参数表(Iu-PS 局向配置)

IPOA 信息中的常用属性	
目的 IP 地址	
值域	xxx. xxx. xxx. xxxx (xxx 为 0～255)
单位	无
缺省值	0.0.0.0

续 表

IPOA 信息中的常用属性	
配置说明	目的 IP 地址
本端源 IP 地址	
值域	xxx. xxx. xxx. xxxx（xxx 为 0～255）
单位	无
缺省值	0.0.0.0
配置说明	本端源 IP 地址
地址掩码	
值域	xxx. xxx. xxx. xxxx（xxx 为 0～255）
单位	无
缺省值	0.0.0.0
配置说明	无
IPOA 架/框/槽	
值域	1/1/1～16/4/17
单位	无
缺省值	无
配置说明	在下拉列表中选择 Iu-PS 局向所在的接口单元
IPOA 对端通信端口号	
值域	无
单位	无
缺省值	无
配置说明	对端 ATM 子单元号对应于与本端相同的单元所创建的 ATM 子单元
IPOA 对端虚通路标识(CVPI)	
值域	0～65 535
单位	无
缺省值	1
配置说明	CVPI，CVCI 的组合唯一；对端虚通路标识(CVPI)小于子单元可配置的最大 VP 数
IPOA 对端虚通道标识(CVCI)	
值域	32～65 535
单位	无
缺省值	33
配置说明	CVPI，CVCI 的组合唯一；对端虚通道标识(CVCI)小于子单元中 VP 可配置的最大 VC 数
IPOA 服务类别(L2H)	
值域	CBR，rtVBR，nrtVBR，ABR，UBR
单位	无
缺省值	CBR
配置说明	—

续表

IPOA 信息中的常用属性	
IPOA 流量类型(L2H)	
值域	NOCLPNOSCR,CLPTRSPRTNOSCR,NOCLPNOSCRDVT
单位	无
缺省值	NOCLPNOSCR
配置说明	—
IPOA 流量描述参数 1(L2H)	
值域	0~4 294 967 295
单位	无
缺省值	40 000
配置说明	—

③ [宽带信令链路信息]页面

[宽带信令链路信息]页面如图 4.12 所示。

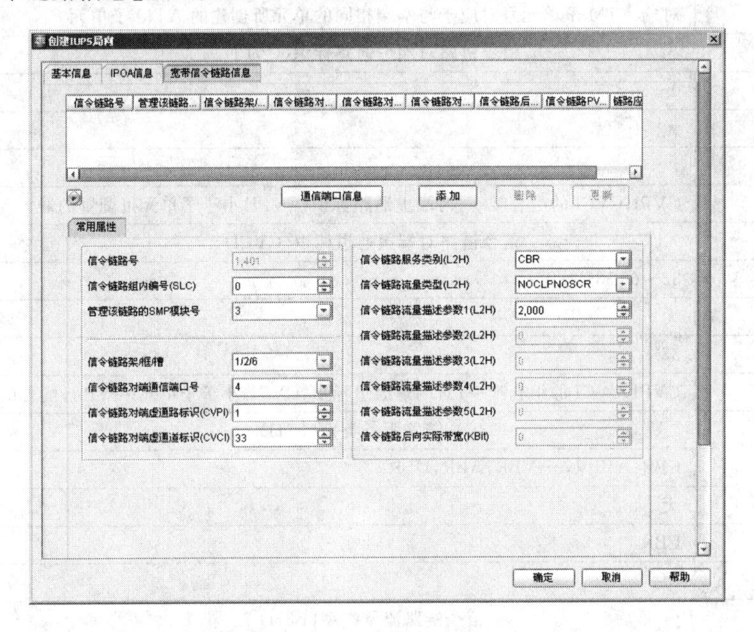

图 4.12 宽带信令链路信息(Iu-PS 局向配置)

[宽带信令链路信息]页面的关键参数,见表 4.9。

表 4.9 宽带信令链路信息常用属性参数表(Iu-PS 局向配置)

宽带信令链路信息中的常用属性	
信令链路组内编号(SLC)	
值域	0~15
单位	无
缺省值	0
配置说明	—

续 表

宽带信令链路信息中的常用属性	
管理该链路的 SMP 模块号	
值域	无
单位	无
缺省值	无
配置说明	根据用户设置 SMP 模块的位置变化设置
信令链路架/框/槽	
值域	1/1/1～16/4/17
单位	无
缺省值	0
配置说明	在下拉列表中选择 Iu-PS 局向所在的接口单元
信令链路对端通信光口号	
值域	无
单位	无
缺省值	无
配置说明	对端 ATM 子单元号对应于与本端相同的单元所创建的 ATM 子单元
信令链路对端虚通路标识(CVPI)	
值域	0～65 535
单位	无
缺省值	1
配置说明	CVPI,CVCI 的组合唯一;对端虚通路标识(CVPI)小于子单元可配置的最大 VP 数
信令链路对端虚通道标识(CVCI)	
值域	32～65 535
单位	无
缺省值	33
配置说明	CVPI,CVCI 的组合唯一;对端虚通道标识(CVCI)小于子单元中 VP 可配置的最大 VC 数
信令链路服务类别(L2H)	
值域	CBR,rtVBR,nrtVBR,ABR,UBR
单位	无
缺省值	CBR
配置说明	—
信令链路流量类型(L2H)	
值域	NOCLPNOSCR,CLPTRSPRTNOSCR,NOCLPNOSCRDVT
单位	无
缺省值	NOCLPNOSCR
配置说明	—
信令链路流量描述参数 1(L2H)	
值域	0～4 294 967 295
单位	无
缺省值	2 000
配置说明	—

(3) 单击[确定]按钮,创建对应 Iu-PS 局向配置。

4.3.4 Iu-B 局向配置

1. 任务目的

创建一个新的 Iu-B 局向。

2. 应用场景

创建本 RNC 连接到 Node B 的局向。

3. 任务准备

已经创建成功 ATM 通信端口。

4. 操作步骤

(1) 在配置资源树窗口,右键单击选择[server]→[子网用户标识]→[管理网元用户标识]→[配置集标识]→[RNC 全局资源标识]→[局向配置]→[创建]→[Iu-B 局向配置]。

(2) 单击[Iu-B 局向配置],弹出对话框如图 4.13 所示。

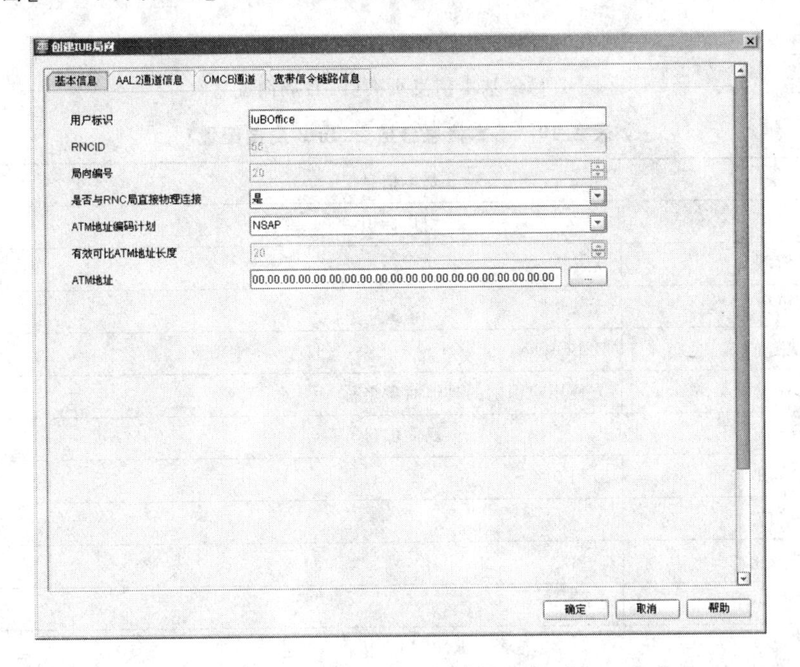

图 4.13 创建 Iu-B 局向配置对话框

[创建 IUB 局向]页面分为[基本信息]、[AAL2 通道信息]、[OMCB 通道]、[宽带信令链路信息]四个子页面,下面对每个子页面分别进行介绍。

① [基本参数]页面

[基本参数]页面如图 4.14 所示。

[基本信息]页面的关键参数,见表 4.10。

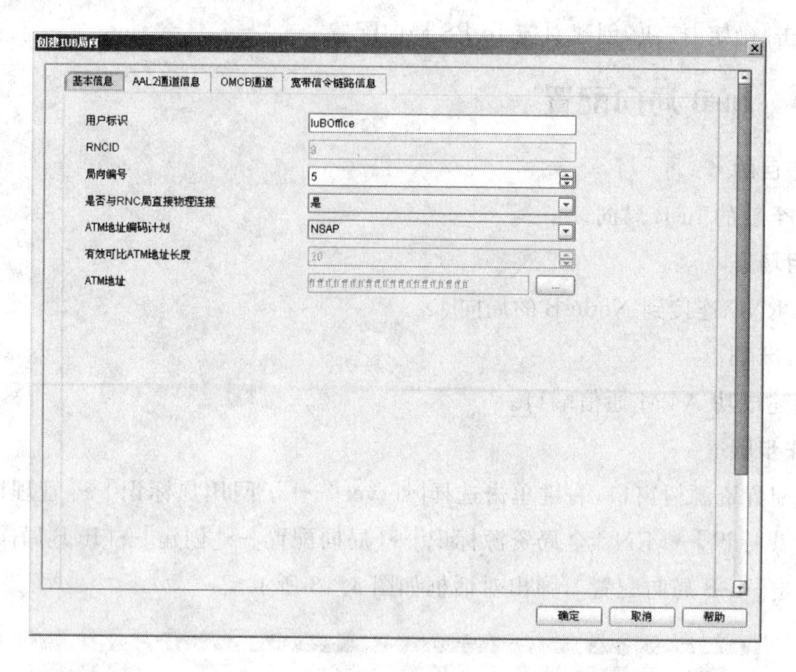

图 4.14　基本信息页面(Iu-B 局向配置)

表 4.10　基本信息参数表(Iu-B 局向配置)

基本信息	
用户标识	
值域	无
单位	无
缺省值	IUBOffice
配置说明	方便用户识别的具体对象名称
局向编号	
值域	5～1 024
单位	无
缺省值	5
配置说明	—
是否与 RNC 局直接物理连接	
值域	是,否
单位	无
缺省值	是
配置说明	—

② [AAL2 通道信息]页面

[AAL2 通道信息]页面如图 4.15 所示。

[AAL2 通道信息]页面关键参数,见表 4.11。

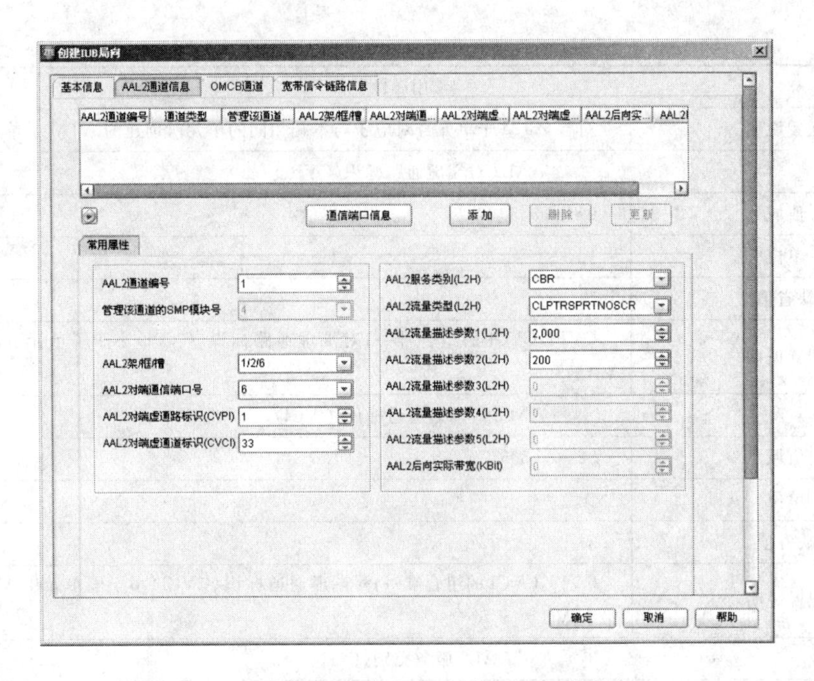

图 4.15　AAL2 通道信息常用属性(Iu-B 局向配置)

表 4.11　AAL2 通道信息常用属性参数表(Iu-B 局向配置)

常用属性	
AAL2 通道编号	
值域	0～2 147 483 647
单位	无
缺省值	0
配置说明	通道编号不可以重复
管理该通道的 SMP 模块号	
值域	无
单位	无
缺省值	无
配置说明	根据用户设置 SMP 模块的位置变化设置
AAL2 架/框/槽	
值域	1/1/1～16/4/17
单位	无
缺省值	无
配置说明	在下拉列表中选择 Iu-B 局向所在的接口单元
AAL2 对端通信端口号	
值域	无
单位	无
缺省值	无

续 表

常用属性	
配置说明	对端ATM子单元号对应于与本端相同的单元所创建的ATM子单元
AAL2 对端虚通路标识(CVPI)	
值域	0～65 535
单位	无
缺省值	1
配置说明	CVPI,CVCI的组合唯一;对端虚通路标识(CVPI)小于子单元可配置的最大VP数
AAL2 对端虚通道标识(CVCI)	
值域	32～65 535
单位	无
缺省值	33
配置说明	CVPI,CVCI的组合唯一;对端虚通道标识(CVCI)小于子单元中VP可配置的最大VC数
AAL2 服务类别(L2H)	
值域	CBR,rtVBR,nrtVBR,ABR,UBR
单位	无
缺省值	CBR
配置说明	—
AAL2 流量类型(L2H)	
值域	NOCLPNOSCR,CLPTRSPRTNOSCR,NOCLPNOSCRDVT
单位	无
缺省值	CLPTRSPRTNOSCR
配置说明	—
AAL2 流量描述参数1(L2H)	
值域	0～2 147 483 647
单位	无
缺省值	2 000
配置说明	—
AAL2 流量描述参数2(L2H)	
值域	0～2 147 483 647
单位	无
缺省值	200
配置说明	—

③ [OMCB通道]页面

[OMCB通道]页面,如图4.16所示。

OMCB通道[常用属性]页面关键参数,见表4.12。

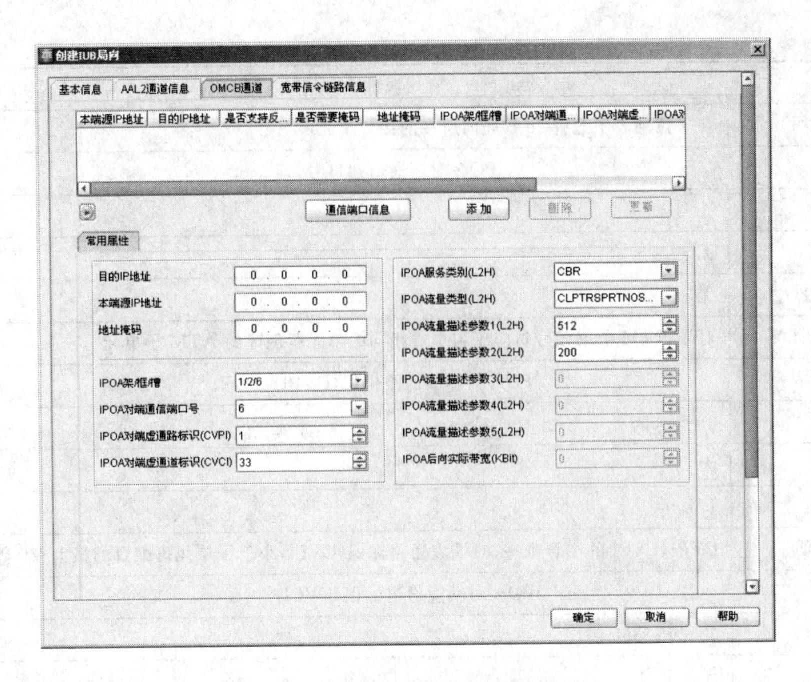

图 4.16 OMCB 通道(Iu-B 局向配置)

表 4.12 OMCB 通道常用属性参数表(Iu-B 局向配置)

常用属性	
目的 IP 地址	
值域	xxx. xxx. xxx. xxxx (xxx 为 0～255)
单位	无
缺省值	0. 0. 0. 0
配置说明	目的 IP 地址
本端源 IP 地址	
值域	xxx. xxx. xxx. xxxx (xxx 为 0～255)
单位	无
缺省值	0. 0. 0. 0
配置说明	本端源 IP 地址
地址掩码	
值域	xxx. xxx. xxx. xxxx (xxx 为 0～255)
单位	无
缺省值	0. 0. 0. 0
配置说明	无
IPOA 架/框/槽	
值域	1/1/1～16/4/17
单位	无
缺省值	无

续 表

常用属性	
配置说明	在下拉列表中选择 Iu-B 局向所在的接口单元
IPOA 对端通信端口号	
值域	无
单位	无
缺省值	无
配置说明	对端 ATM 子单元号对应于与本端相同的单元所创建的 ATM 子单元
IPOA 对端虚通路标识(CVPI)	
值域	0～65 535
单位	无
缺省值	1
配置说明	CVPI,CVCI 的组合唯一;对端虚通路标识(CVPI)小于子单元可配置的最大 VP 数
IPOA 对端虚通道标识(CVCI)	
值域	32～65 535
单位	无
缺省值	33
配置说明	CVPI,CVCI 的组合唯一;对端虚通道标识(CVCI)小于子单元中 VP 可配置的最大 VC 数
IPOA 服务类别(L2H)	
值域	CBR,rtVBR,nrtVBR,ABR,UBR
单位	无
缺省值	CBR
配置说明	—
IPOA 流量类型(L2H)	
值域	NOCLPNOSCR,CLPTRSPRTNOSCR,NOCLPNOSCRDVT
单位	无
缺省值	CLPTRSPRTNOSCR
配置说明	—
IPOA 流量描述参数 1(L2H)	
值域	0～2 147 483 647
单位	无
缺省值	512
配置说明	—
IPOA 流量描述参数 2(L2H)	
值域	0～2 147 483 647
单位	无
缺省值	200
配置说明	—

④［宽带信令链路信息］页面

［宽带信令链路信息］页面，如图 4.17 所示。

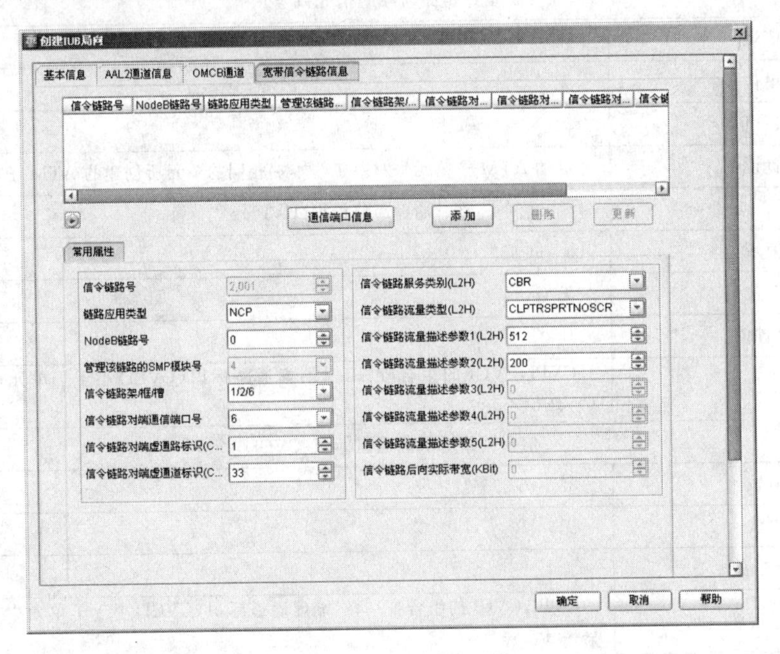

图 4.17 宽带信令链路信息（Iu-B 局向配置）

［宽带信令链路信息］页面关键参数，见表 4.13。

表 4.13 配置 Iu-B 局向宽带信令链路信息常用属性参数表

常用属性	
链路应用类型	
值域	NCP，CCP，ALCAP
单位	无
缺省值	NBAP
配置说明	—
Node B 链路号	
值域	0～65 535
单位	无
缺省值	0
配置说明	—
信令链路架/框/槽	
值域	1/1/1～16/4/17
单位	无
缺省值	无
配置说明	在下拉列表中选择 Iu-B 局向所在的接口单元

续表

常用属性	
信令链路对端通信光口号	
值域	无
单位	无
缺省值	无
配置说明	对端 ATM 子单元号对应于与本端相同的单元所创建的 ATM 子单元
信令链路对端虚通路标识(CVPI)	
值域	0～65 535
单位	无
缺省值	1
配置说明	CVPI,CVCI 的组合唯一;对端虚通路标识(CVPI)小于子单元可配置的最大 VP 数
信令链路对端虚通道标识(CVCI)	
值域	32～65 535
单位	无
缺省值	33
配置说明	CVPI,CVCI 的组合唯一;对端虚通道标识(CVCI)小于子单元中 VP 可配置的最大 VC 数
服务类别(L2H)	
值域	CBR,rtVBR,nrtVBR,ABR,UBR
单位	无
缺省值	CBR
配置说明	—
信令链路流量类型(L2H)	
值域	NOCLPNOSCR,CLPTRSPRTNOSCR,NOCLPNOSCRDVT
单位	无
缺省值	CLPTRSPRTNOSCR
配置说明	—
信令链路流量描述参数 1(L2H)	
值域	0～2 147 483 647
单位	无
缺省值	512
配置说明	—
信令链路流量描述参数 2(L2H)	
值域	0～2 147 483 647
单位	无
缺省值	200
配置说明	—

(3) 单击[确定]按钮，创建对应 Iu-B 局向配置。

4.3.5 创建 ATM 转接承载

1. 任务目的

创建 ATM 转接承载。

2. 应用场景

创建 ATM 转接承载。

3. 任务准备

已经成功配置 ATM 通信端口。

4. 操作步骤

(1) 在配置资源树窗口，右键单击选择[server]→[子网用户标识]→[管理网元用户标识]→[配置集标识]→[RNC 全局资源标识]→[局向配置]→[创建]→[ATM 转接承载配置]。

(2) 单击[ATM 转接承载配置]，弹出对话框如图 4.18 所示。

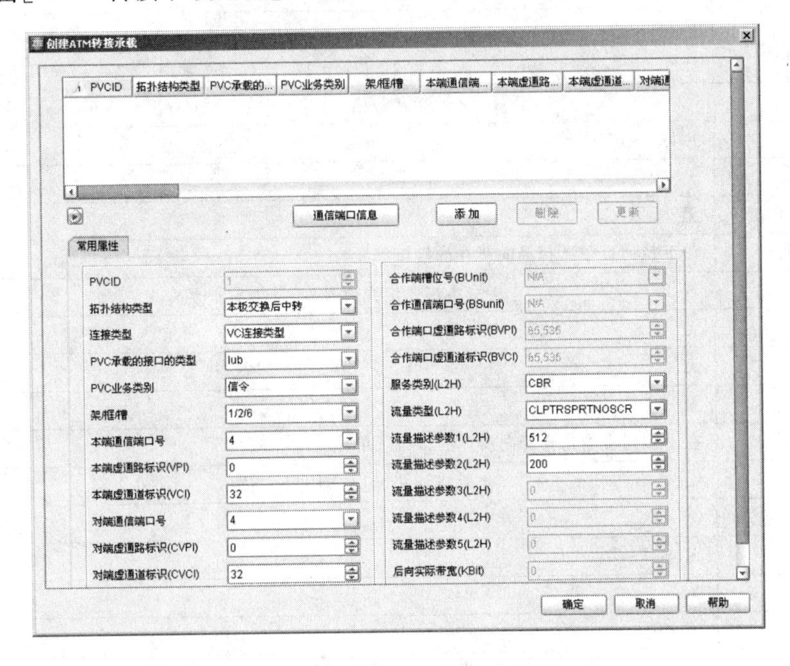

图 4.18 创建 ATM 转接承载配置

ATM 转接承载[常用属性]页面关键参数，见表 4.14。

表 4.14 ATM 转接承载常用属性

常用属性	
拓扑结构类型	
值域	跨板交换后中转，本板交换后中转
单位	无
缺省值	本板交换后中转

续表

常用属性	
配置说明	—
连接类型	
值域	VP连接类型,VC连接类型
单位	无
缺省值	VC连接类型
配置说明	—
PVC承载的接口类型	
值域	Iu-B,Iur,Iu-CS,Iu-PS
单位	无
缺省值	Iu-B
配置说明	—
PVC业务类别	
值域	信令,AAL2数据
单位	无
缺省值	信令
配置说明	—
架/框/槽	
值域	1/1/1～16/4/17
单位	无
缺省值	无
配置说明	在下拉列表中选择局向所在的接口单元
本端通信光口号	
值域	无
单位	无
缺省值	无
配置说明	在下拉列表中选择局向所在的接口子单元
本端虚通路标识(VPI)	
值域	0～4 095
单位	无
缺省值	0
配置说明	—
本端虚通道标识(VCI)	
值域	0～65 535
单位	无
缺省值	32
配置说明	—
对端通信端口号	
值域	无
单位	无
缺省值	无

续 表

常用属性	
配置说明	用户根据配置选择
对端虚通路标识(CVPI)	
值域	0～65 535
单位	无
缺省值	1
配置说明	—
对端虚通道标识(CVCI)	
值域	32～65 535
单位	无
缺省值	32
配置说明	—
合作端槽位号(BUnit)	
值域	无
单位	无
缺省值	65 535
配置说明	—
合作通信端口号(BSunit)	
值域	无
单位	无
缺省值	无
配置说明	合作 ATM 子单元号对应于与合作单元所创建的 ATM 子单元
合作端虚通路标识(BVPI)	
值域	0～65 535
单位	无
缺省值	65 535
配置说明	BVPI,BVCI 的组合唯一;合作虚通路标识(BVPI)小于子单元可配置的最大 VP 数
合作端虚通道标识(BVCI)	
值域	32～65 535
单位	无
缺省值	65 535
配置说明	BVPI,BVCI 的组合唯一;合作虚通道标识(BVCI)小于子单元中 VP 可配置的最大 VC 数
服务类别(L2H)	
值域	CBR,rtVBR,nrtVBR,ABR,UBR
单位	无
缺省值	CBR
配置说明	—
流量类型(L2H)	
值域	NOCLPNOSCR,CLPTRSPRTNOSCR,NOCLPNOSCRDVT
单位	无
缺省值	CLPTRSPRTNOSCR

续表

常用属性	
配置说明	—
流量描述参数 1(L2H)	
值域	0～4 294 967 295
单位	无
缺省值	512
配置说明	—
流量描述参数 2(L2H)	
值域	0～4 294 967 295
单位	无
缺省值	200
配置说明	—

(3) 单击[确定]按钮,创建对应 ATM 转接承载。

4.4 实际操作流程

4.4.1 创建 ATM 通信端口配置

创建 ATM 通信端口配置页面如图 4.19 所示。

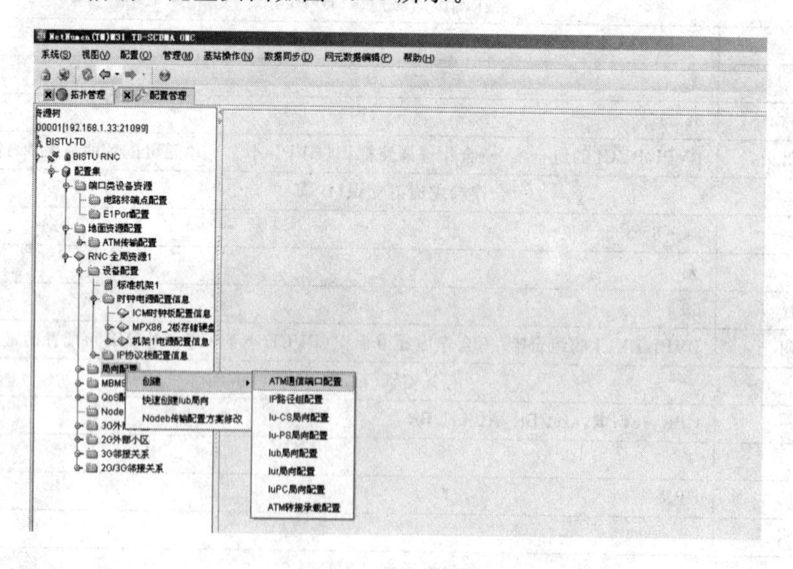

图 4.19 创建 ATM 通信端口

分别设置通信端口号为 0,10,11,12 并单击添加,其他参数选择系统默认值,如图 4.20～4.23 所示。

图 4.20　ATM 通信端口配置 1

图 4.21　ATM 通信端口配置 2

图 4.22　ATM 通信端口配置 3

图 4.23 ATM 通信端口配置 4

4.4.2 创建 Iu-CS 局向配置

创建 Iu-CS 局向配置页面如图 4.24 所示。

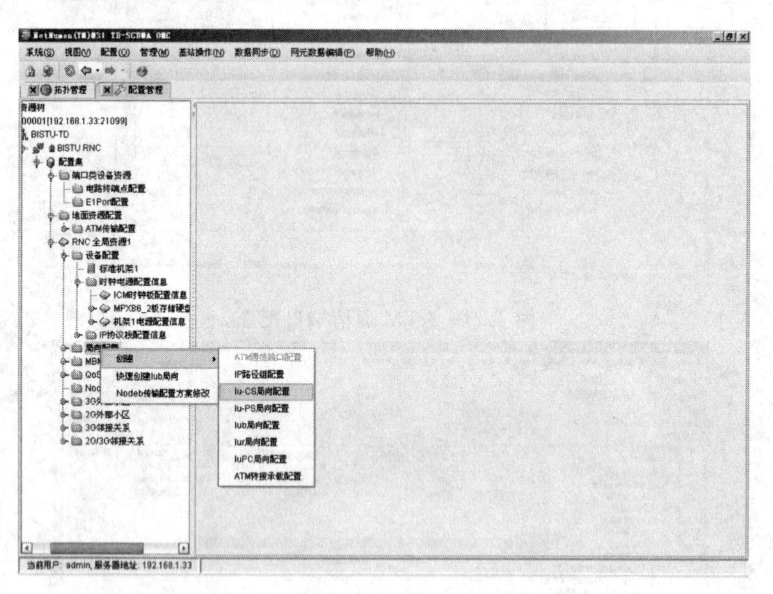

图 4.24 创建 Iu-CS 局向配置

1. Iu-CS 局向基本信息

Iu-CS 局向配置参数如图 4.25 所示。

2. Iu-CS 局向传输路径信息

Iu-CS 局向传输路径参数设置如图 4.26 所示。

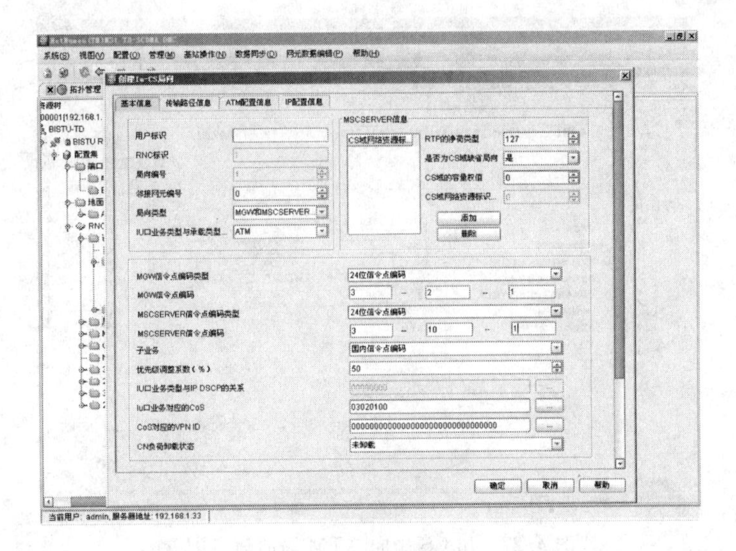

图 4.25 Iu-CS 局向配置

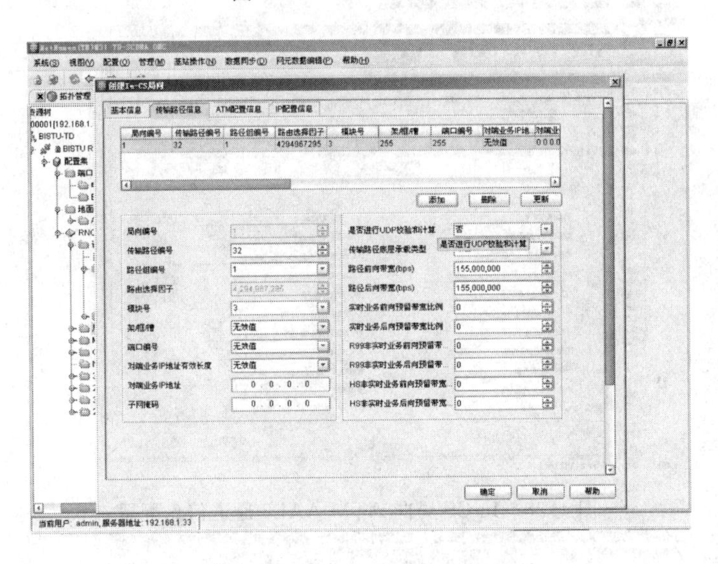

图 4.26 Iu-CS 局向传输路径配置

3. Iu-CS 局向中 ATM 配置信息的 ATM 局向信息配置

Iu-CS 局向 ATM 局向参数设置如图 4.27 所示。

4. Iu-CS 局向中 ATM 配置信息的 AAL2 通道信息配置

Iu-CS 局向 ATM AAL2 通道参数设置如图 4.28 所示。

单击通信端口信息，检查通信端口信息是否正确，如图 4.29 所示。

5. Iu-CS 局向中 ATM 配置信息的宽带信令链路信息配置

宽带信令链路参数设置如图 4.30 所示。

单击通信端口信息，检查通信端口信息是否正确，如图 4.31 所示。

6. Iu-CS 局向中 IP 配置信息配置

IP 参数值设置为系统默认值，如图 4.32 所示。

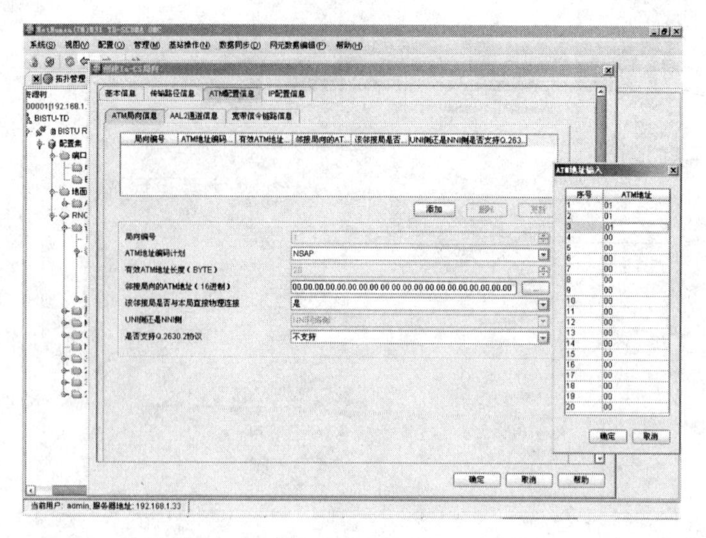

图 4.27　Iu-CS 局向 ATM 局向信息配置

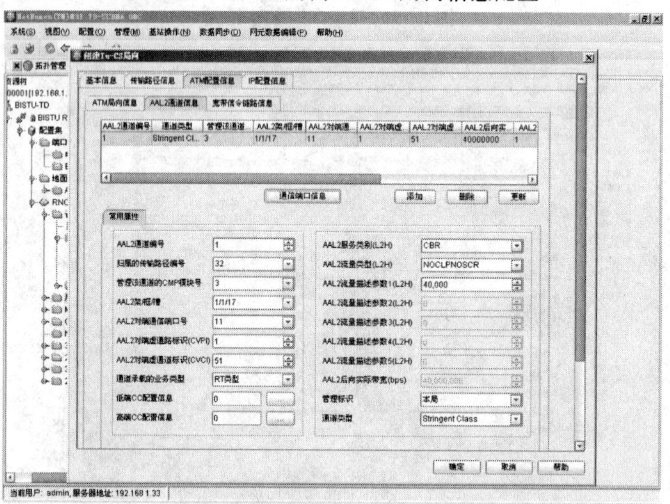

图 4.28　Iu-CS 局向 ATM AAL2 通道信息配置

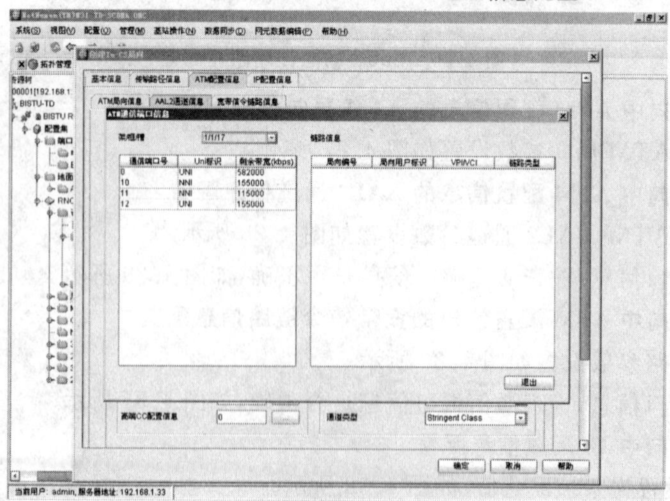

图 4.29　ATM 通信端口信息配置

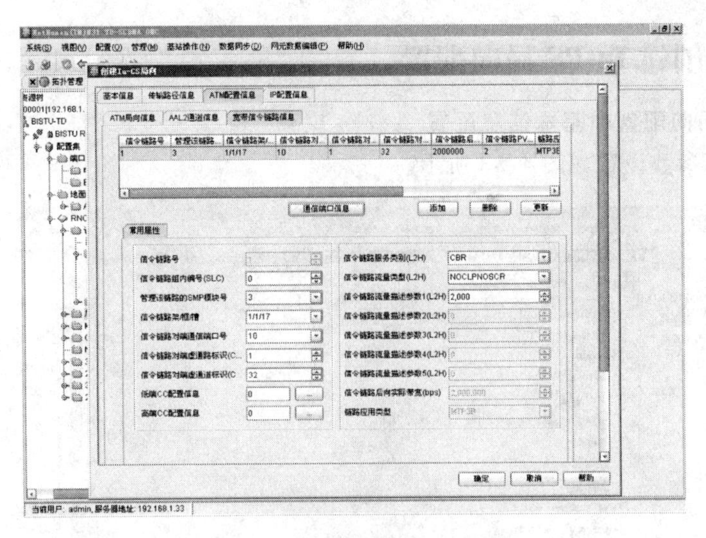

图 4.30　宽带信令链路信息配置

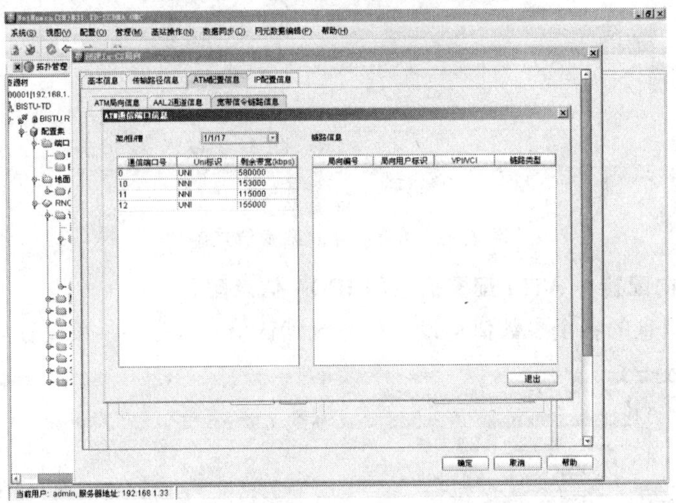

图 4.31　宽带信令链路信息检查

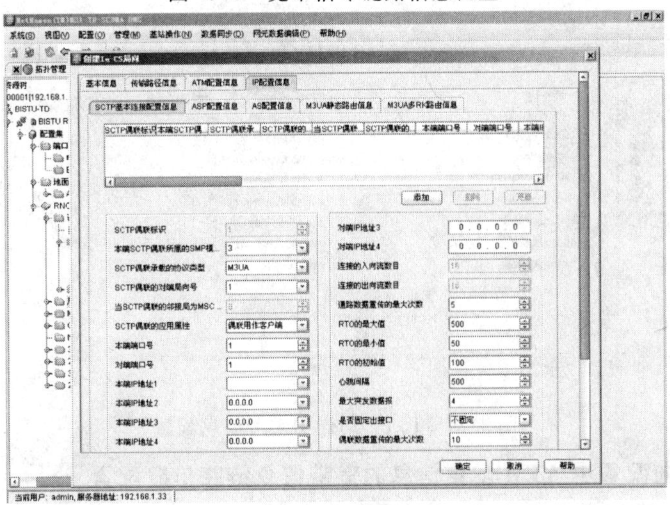

图 4.32　IP 配置信息

4.4.3 创建 Iu-PS 局向配置

1. Iu-PS 局向配置中基本信息配置

Iu-PS 局向参数设置如图 4.33 所示。

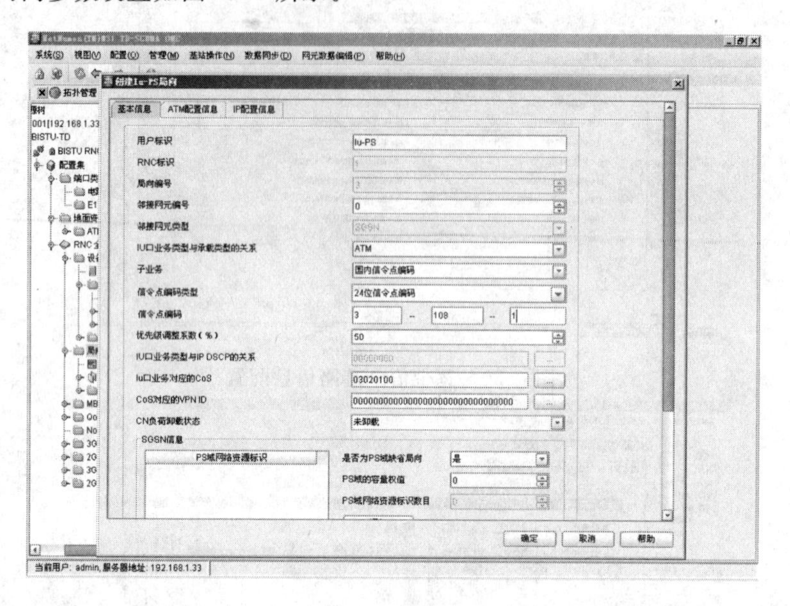

图 4.33 Iu-PS 局向基本信息配置

2. Iu-PS 局向配置中 ATM 配置信息的 IPOA 信息配置

ATM 局向信息的各个参数值均设置为系统默认值。IPOA 参数设置如图 4.34 所示。

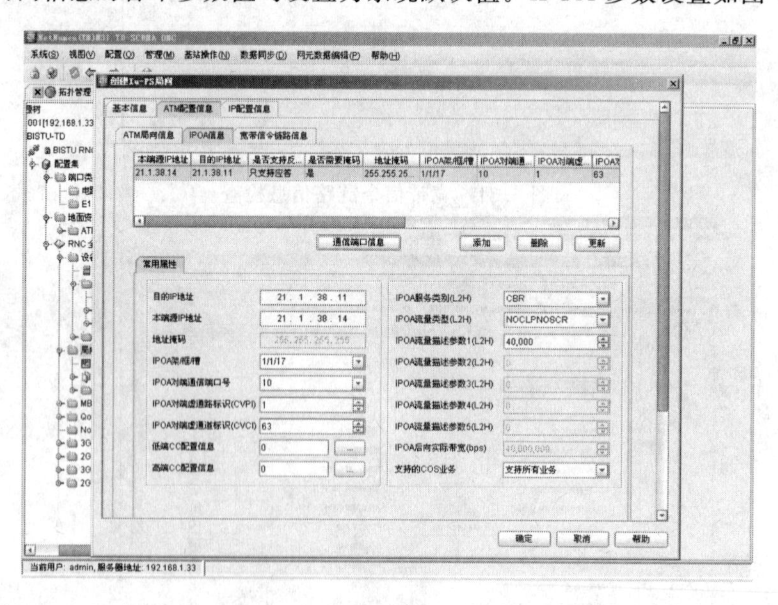

图 4.34 Iu-PS 局向 IPOA 信息配置

3. Iu-PS 局向配置中 ATM 配置信息的宽带信令链路信息配置

Iu-PS 局向宽带信令链路参数设置如图 4.35 所示。

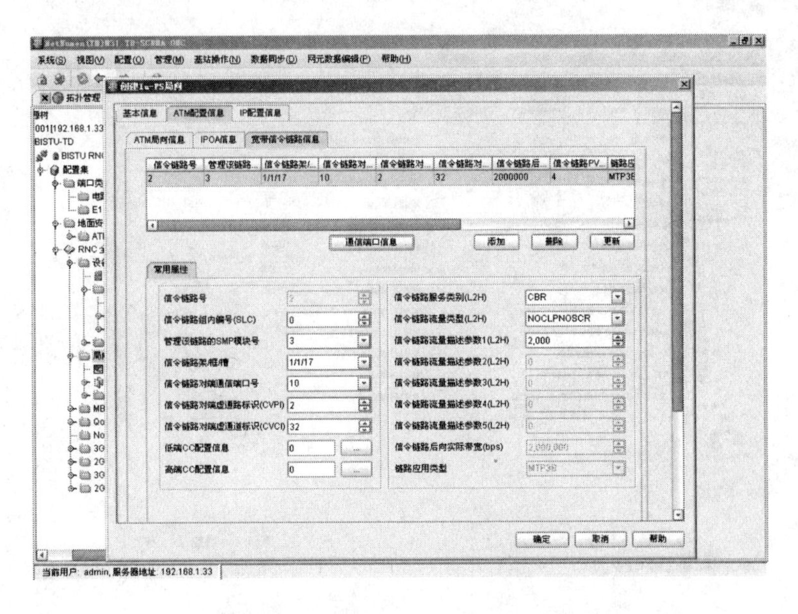

图 4.35　Iu-PS 局向宽带信令链路信息配置

4. Iu-PS 局向配置中 IP 配置信息配置

SCTP 基本连接配置信息的参数设置如图 4.36 所示，其他信息各个参数值均为默认值。

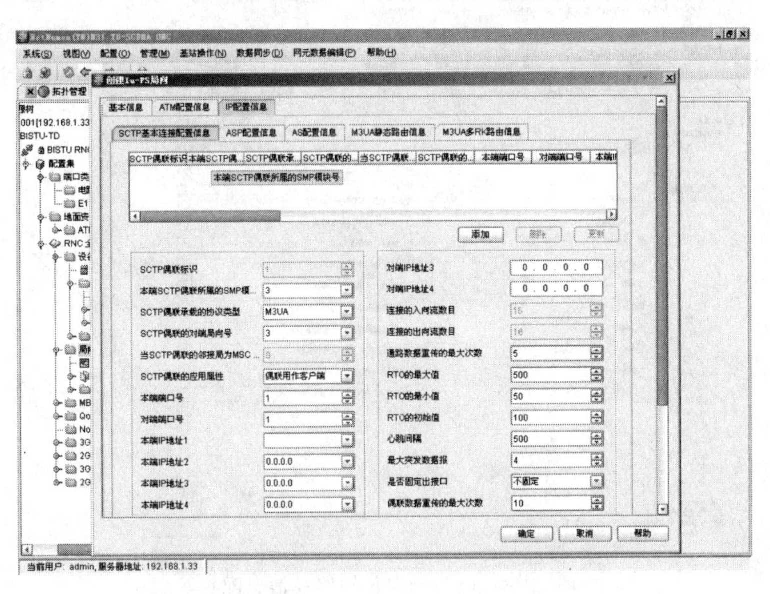

图 4.36　Iu-PS 局向 SCTP 基本连接配置

4.4.4　创建 Iu-B 局向配置

1. Iu-B 局向配置中基本信息配置

创建 Iu-B 局向参数设置如图 4.37 所示。

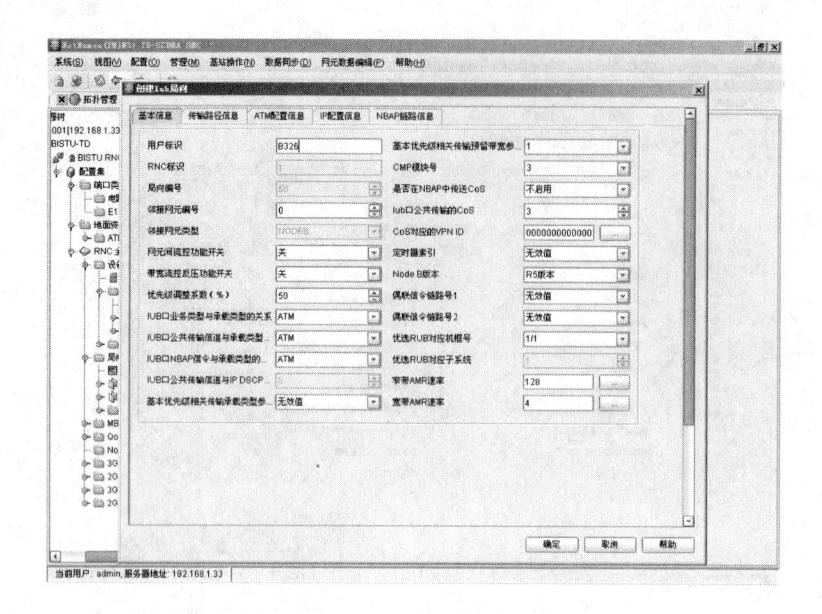

图 4.37 创建 Iu-B 局向配置

2. Iu-B 局向配置中传输路径信息配置

Iu-B 局向传输路径参数设置如图 4.38 所示。

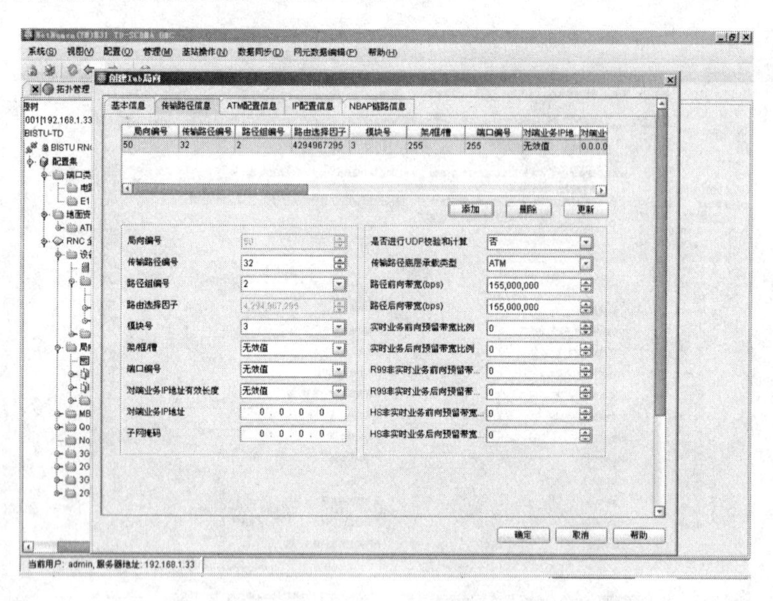

图 4.38 Iu-B 局向传输路径信息配置

3. Iu-B 局向配置中 ATM 配置信息的 ATM 局向信息配置

Iu-B 局向 ATM 局向参数设置如图 4.39 所示。

4. Iu-B 局向配置中 ATM 配置信息的 AAL2 通道信息配置

Iu-B 局向 AAL2 通道参数设置如图 4.40 所示。

5. Iu-B 局向配置中 ATM 配置信息的 OMCB 通道配置

Iu-B 局向 ATM 参数设置如图 4.41 所示。

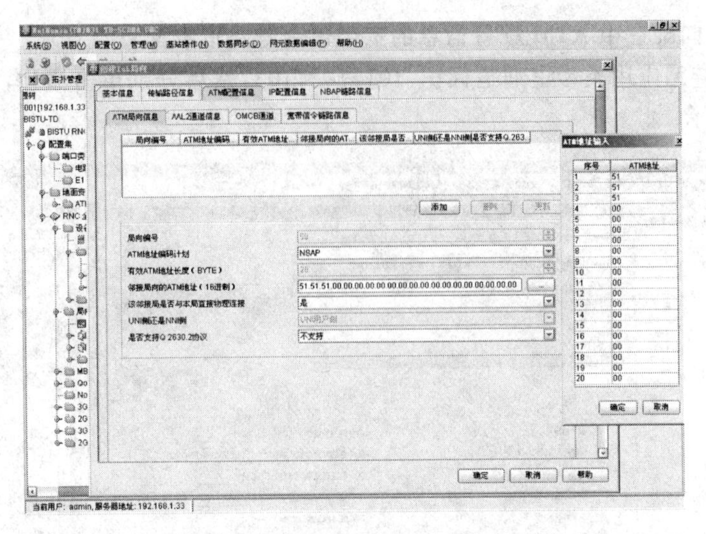

图 4.39　Iu-B 局向 ATM 局向信息配置

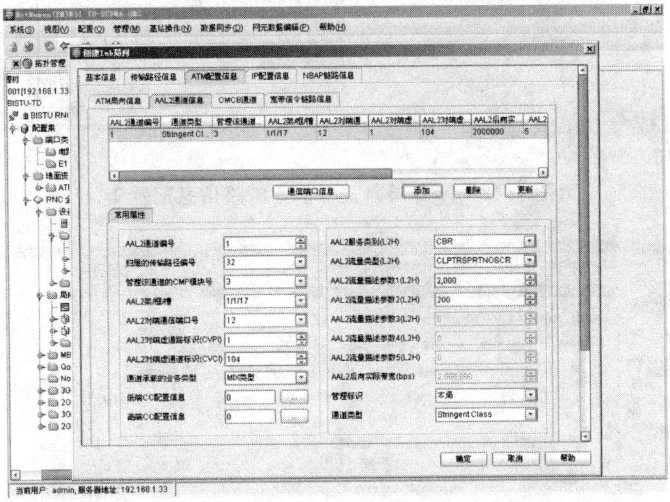

图 4.40　Iu-B 局向 AAL2 通道信息配置

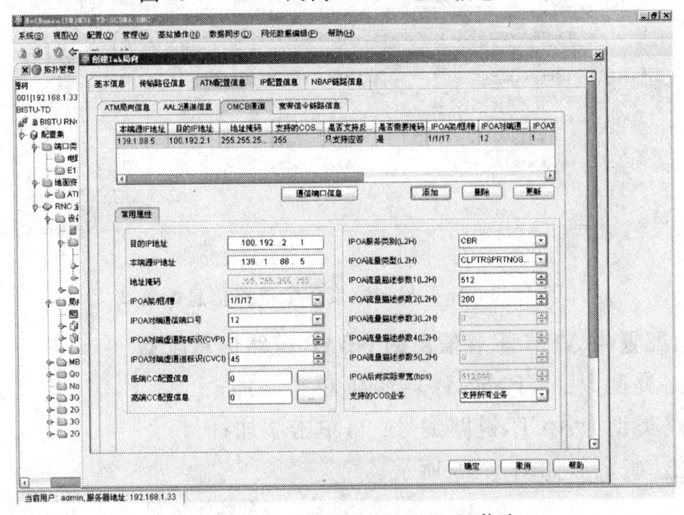

图 4.41　Iu-B 局向 ATM 配置信息

6. Iu-B 局向配置中 ATM 配置信息的宽带信令链路信息配置

分别改变链路应用类型虚通道标识：101，102，103，然后分别单击添加，最后确定，如图 4.42～4.44 所示。

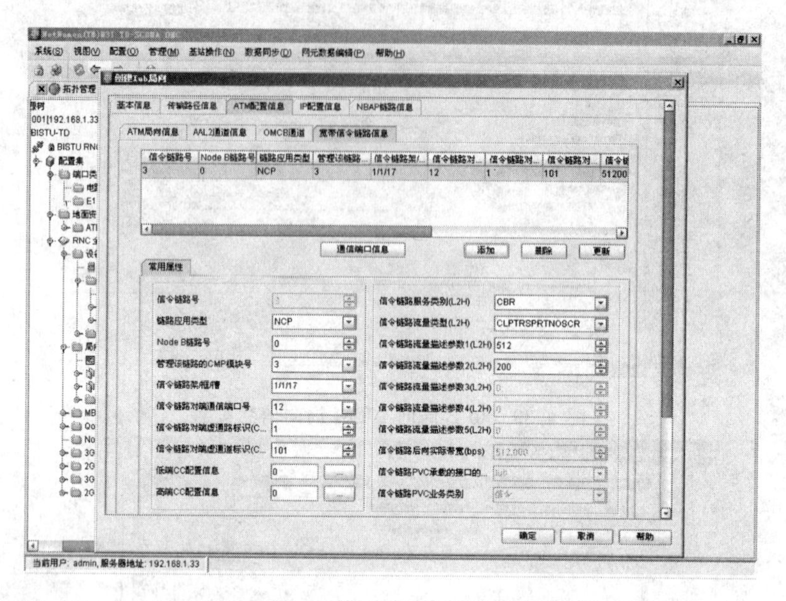

图 4.42　Iu-B 局向宽带信令链路信息配置 1

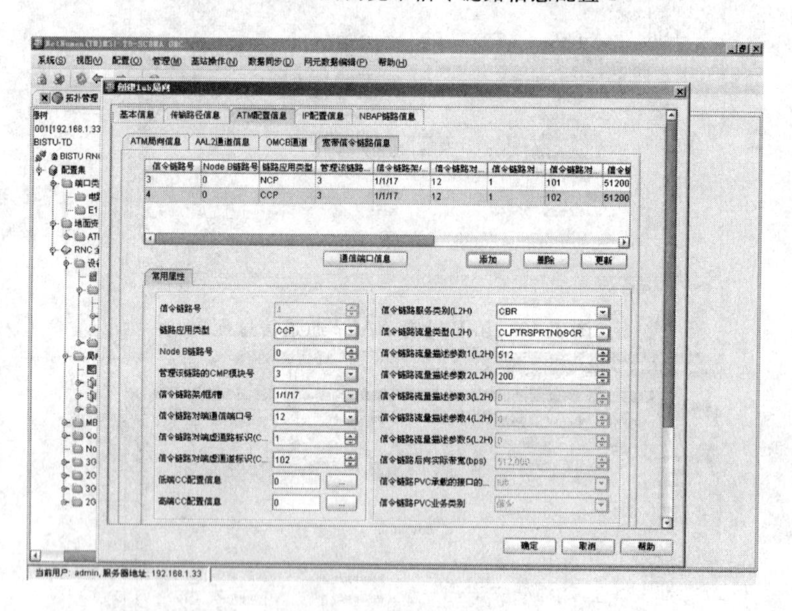

图 4.43　Iu-B 局向宽带信令链路信息配置 2

7. Iu-B 局向配置中 ATM 配置信息的 NBAP 链路信息配置

(1) 设置链路类型为：NCP，链路编号：0，单击添加；

(2) 设置链路类型为：CCP，链路编号：1，单击添加；

(3) 最后单击[确定]，如图 4.45 所示。

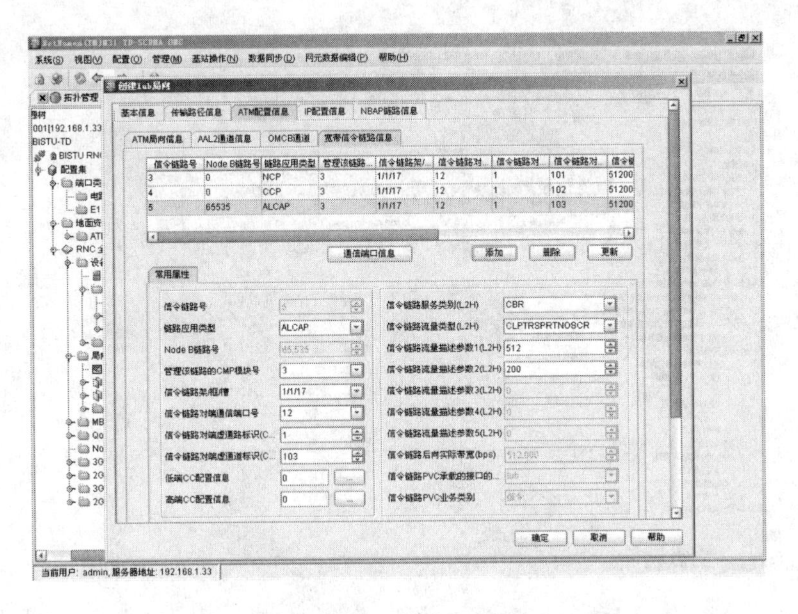

图 4.44　Iu-B 局向宽带信令链路信息配置 3

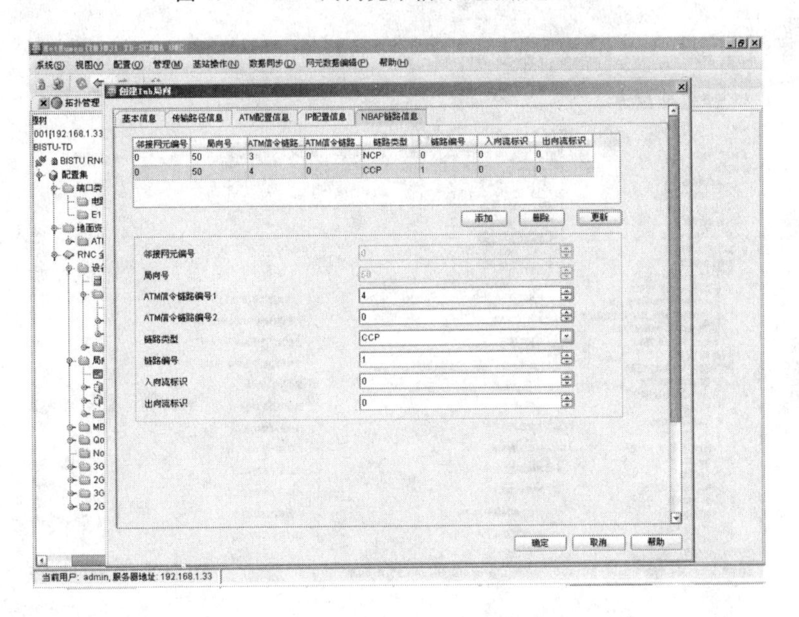

图 4.45　Iu-B 局向 NBAP 链路信息配置

8. Iu-B 局向配置中 IP 路径组配置

Iu-B 局向 IP 路径组设置各个参数值为默认值，如图 4.46 所示。

9. Iu-B 局向配置中 ATM 转接承载配置

Iu-B 局向 ATM 转接承载各个参数设置为系统默认值，如图 4.47 所示。

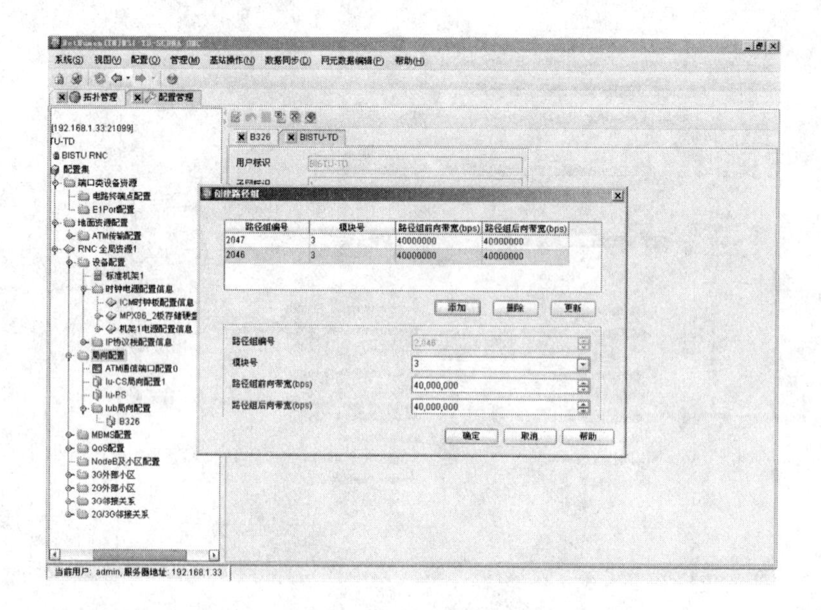

图 4.46　Iu-B 局向 IP 路径组配置

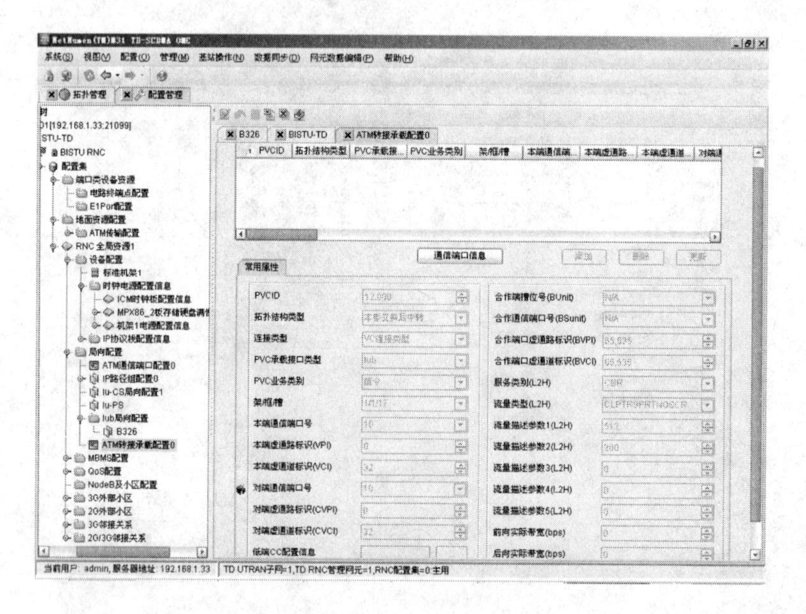

图 4.47　Iu-B 局向 ATM 转接承载配置

实训5

无线参数相关配置

5.1 实训目的

熟悉无线参数的相关配置。

5.2 实训主要内容

- 引用类参数设置；
- 创建 Node B；
- 快速删除 Node B；
- 创建服务小区；
- 快速创建小区；
- 批量创建服务小区；
- 创建外部小区；
- 创建外部 GSM 小区；
- 创建邻接关系；
- 创建 GSM 小区邻接关系。

说明：

无线参数相关配置分为引用类参数设置和服务小区配置。用户可以根据自己的需要，在引用类参数设置中创建不同的传输格式集，通过索引方式在服务小区参数中引用。

(1) 引用类参数分为传输格式集、传输格式组合集、与业务相关的功控关系、小区上行接纳控制参数、小区下行接纳控制参数。

(2) 服务小区参数分为服务小区关键参数信息、小区和信道功率配置、小区载频时隙配置。

5.3 实训基本操作

5.3.1 创建 Node B

1. 应用场景

创建新的 Node B。

2. 任务准备

已经成功创建局向数据。

3. 操作步骤

(1) 在配置资源树窗口,右键单击选择[server]→[子网用户标识]→[管理网元用户标识]→[配置集标识]→[RNC 全局资源标识]→[Node B 小区配置]→[创建]→[Node B],如图 5.1 所示。

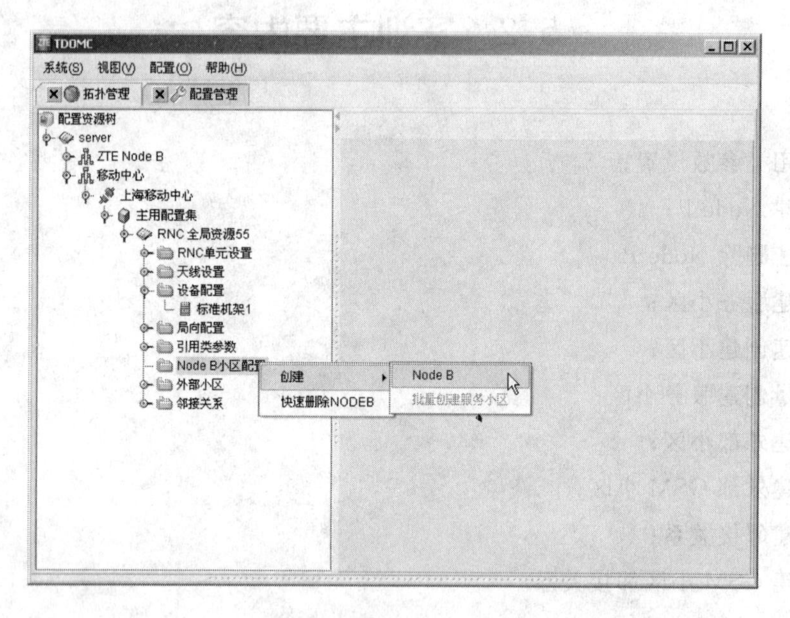

图 5.1 创建 Node B

(2) 单击[Node B],弹出对话框如图 5.2 所示。

[创建 Node B]页面包含[Node B 基本信息]、[Node B 链路信息]和[Site 信息]三个子页面。下面对以上三个子页面分别进行说明。

① [Node B 基本信息]页面

[Node B 基本信息]页面如图 5.2 所示。

与图 5.2 相关的关键参数,见表 5.1。

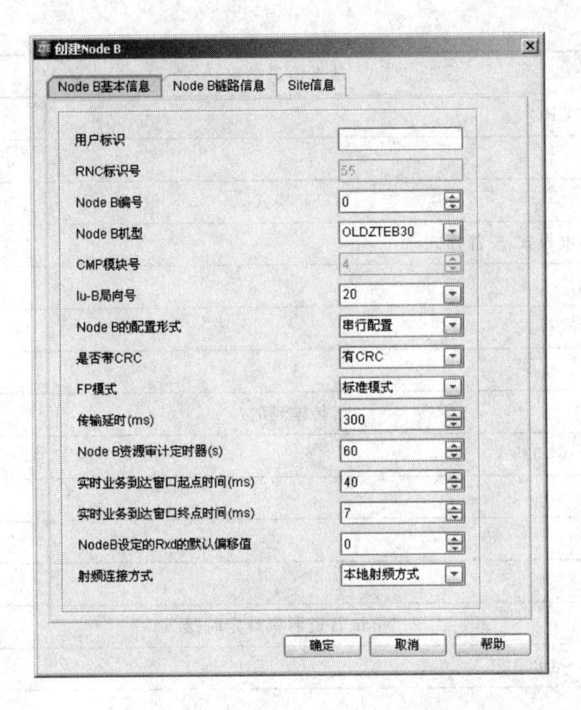

图 5.2 创建 Node B 对话框

表 5.1 创建 Node B 基本信息参数表

基本信息参数	
Node B 编号	
值域	0～3 000
单位	无
缺省值	0
配置说明	标识 Node B,方便用户识别
Node B 机型	
值域	OLDZTEB30,NEWZTEB30,P72
单位	无
缺省值	OLDZTEB30
配置说明	—
Node B 的配置形式	
值域	串行配置,并行配置
单位	无
缺省值	串行配置
配置说明	—
是否带 CRC	
值域	有 CRC,无 CRC
单位	无

续表

基本信息参数	
缺省值	有 CRC
配置说明	—
FP 模式	
值域	标准模式，安静模式
单位	无
缺省值	标准模式
配置说明	—
传输延时	
值域	0～65 535
单位	ms
缺省值	300
配置说明	—
Node B 资源审计定时器	
值域	60～1 800
单位	s
缺省值	60
配置说明	—
实时业务到达窗口起点时间	
值域	0～1 279
单位	ms
缺省值	40
配置说明	—
实时业务到达窗口终点时间	
值域	0～2 559
单位	ms
缺省值	7
配置说明	—
Node B 设定的 Rxd 的默认偏移值	
值域	0～551
单位	无
缺省值	0
配置说明	—
射频连接方式	
值域	本地射频方式，拉远射频方式
单位	无
缺省值	本地射频方式
配置说明	—

② [Node B链路信息]页面

[Node B链路信息]页面如图5.3所示。

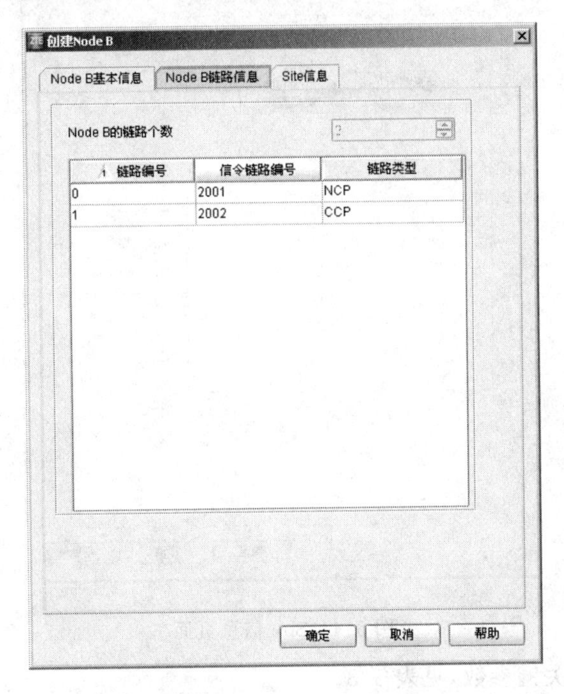

图5.3 创建Node B链路信息对话框

与图5.3相关的关键参数,见表5.2。

表5.2 创建Node B链路信息参数表

链路信息参数	
链路类型	
值域	NCP,CCP
单位	无
缺省值	无
配置说明	NCP(Node B Control Port):即Node B控制端口,RNC对Node B逻辑资源进行管理的逻辑通信链路。公共信令过程(如复位过程、审计过程、小区建立过程、传输信道建立、系统更新过程、无线链路建立过程、公共测量等)通过控制口所对应的AAL5链路传输。一个Node B只有一个控制口 CCP(Communication Control Port):即通信控制端口,RNC对一组UE进行管理的逻辑通信链路。UE所对应的专用信令过程(如无线链路增加过程、无线链路重配过程、专用测量过程等)通过其所属的通信控制口所对应的AAL5链路传输。每个UE归属于一个通信控制口,一个Node B有多个通信控制口。对接时注意CCP的端口号要与Node B侧保持对应关系(特别是存在多个CCP的情况),否则将无法正常建立起无线链路 必须保证至少配置一条NCP链路和一条CCP链路

③ [Site信息]页面

[Site信息]页面如图5.4所示。

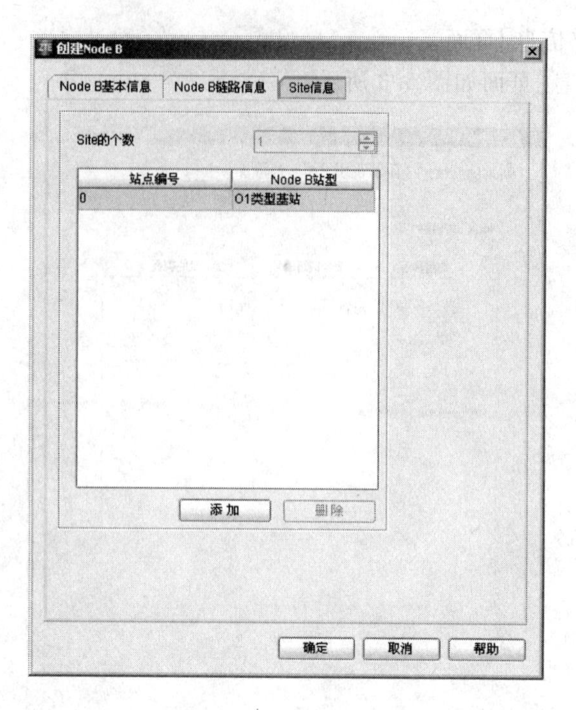

图 5.4　Site 信息页面

与图 5.4 相关的关键参数，见表 5.3。

表 5.3　创建 Node B Site 信息参数表

链路信息参数	
Node B 站型	
值域	O1 类型基站，O2 类型基站，O3 类型基站，O4 类型基站，O5 类型基站，O6 类型基站，O7 类型基站，O8 类型基站，O9 类型基站，S111 类型基站，S222 类型基站，S333 类型基站，S444 类型基站，S555 类型基站，S666 类型基站，S777 类型基站，S888 类型基站，S999 类型基站
单位	无
缺省值	O1 类型基站
配置说明	根据用户需要创建

(3) 单击[确定]按钮，完成 Node B 参数配置。

5.3.2　快速删除 Node B

1. 应用场景

快速删除 Node B。

2. 任务准备

确定需要删除的 Node B。

3. 操作步骤

(1) 在配置资源树窗口，右键单击选择[server]→[子网用户标识]→[管理网元用户标识]→[主用配置集]→[RNC 全局资源标识]→[Node B 小区配置]→[快速删除 NODEB]，如图 5.5 所示。

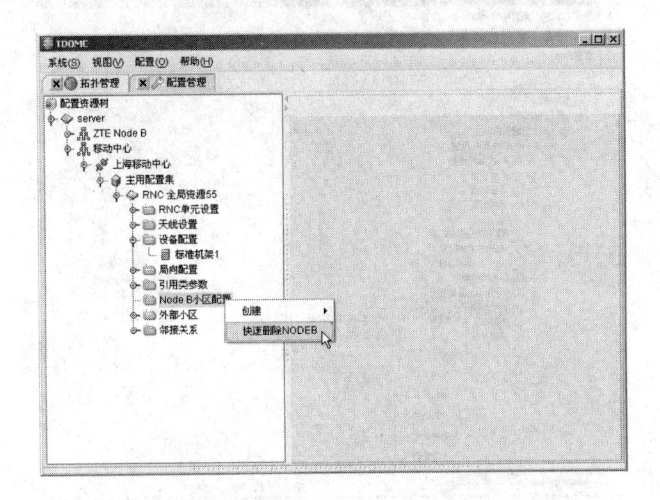

图 5.5 快速删除 Node B 选择路径示意图

(2) 单击[快速删除 NODEB],弹出对话框如图 5.6 所示。

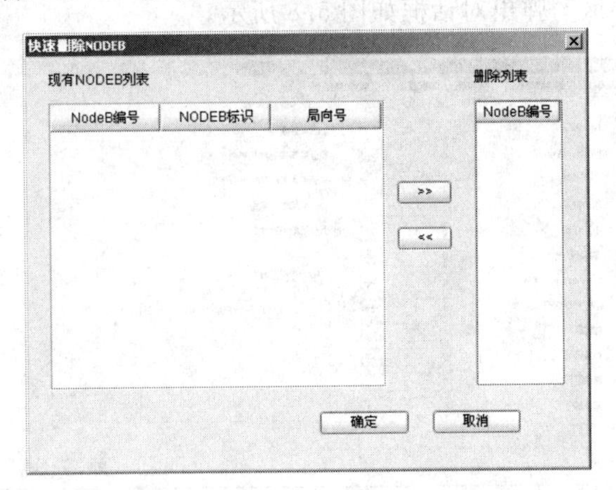

图 5.6 快速删除 Node B 对话框

(3) 在[现有 NODEB 列表]中选择需要删除的 Node B,单击 >> 按钮将需要删除的 Node B 添加到右侧的[删除列表]中,单击[确定]按钮删除 Node B。

5.3.3 创建服务小区

1. 应用场景

创建服务小区。

2. 任务准备

已经创建成功局向配置、引用类参数、Node B。

3. 操作步骤

(1) 在配置资源树窗口,右键单击选择[server]→[子网用户标识]→[管理网元用户标识]→[主用配置集]→[RNC 全局资源标识]→[Node B 小区配置]→[Node B 标识]→[创建]→[服务小区],如图 5.7 所示。

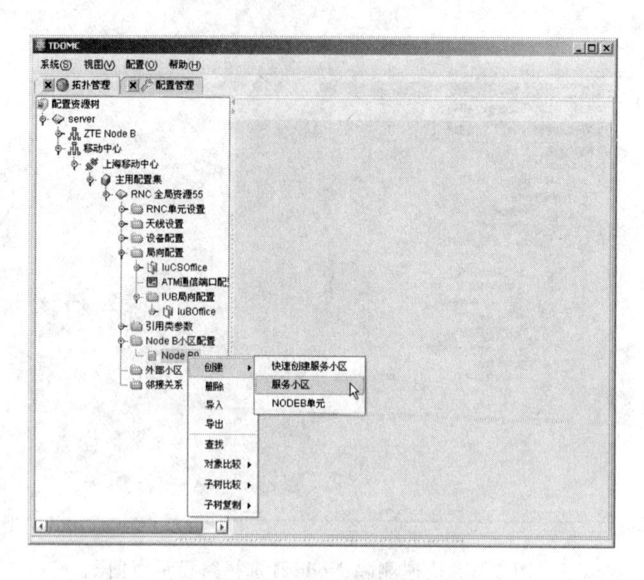

图 5.7　创建服务小区

(2) 单击[服务小区],弹出对话框如图 5.8 所示。

图 5.8　创建服务小区对话框

[创建服务小区]页面分为[服务小区关键参数信息]、[小区和信道功率配置]、[小区载频时隙配置]三个子页面。下面对以上三个子页面分别进行说明。

① [服务小区关键参数信息]页面

[服务小区关键参数信息]页面如图 5.8 所示。

[服务小区关键参数信息]页面参数说明,见表 5.4。

表 5.4　服务小区关键参数表

服务小区关键参数信息	
用户标识	
值域	最大长度 40 的字符串
单位	无
缺省值	无

续表

配置说明	方便用户识别的具体对象名称
小区标识	
值域	0～65 535
单位	无
缺省值	0
配置说明	—
本地小区标识	
值域	0～268 435 455
单位	无
缺省值	0
配置说明	—
Node B内小区序号	
值域	0～1 023
单位	无
缺省值	0
配置说明	—
小区参数标识	
值域	0～127
单位	无
缺省值	0
配置说明	—
位置区码	
值域	1～65 535
单位	无
缺省值	1
配置说明	—
服务区码	
值域	0～65 535
单位	无
缺省值	0
配置说明	—
路由区码	
值域	0～255
单位	无
缺省值	0
配置说明	—

续 表

和业务相关的功控参数索引	
值域	0～65 534
单位	无
缺省值	1
配置说明	引用类参数中定义
上行接纳参数索引	
值域	0～65 534
单位	无
缺省值	1
配置说明	引用类参数中定义
下行接纳参数索引	
值域	0～65 534
单位	无
缺省值	1
配置说明	引用类参数中定义

② [小区和信道功率配置]页面

[小区和信道功率配置]页面如图 5.9 所示。

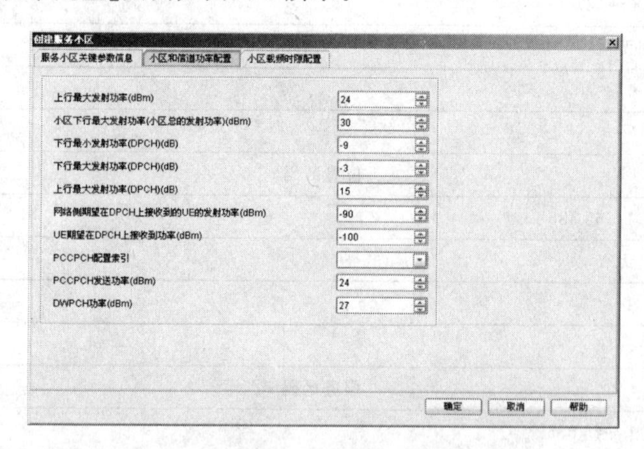

图 5.9　小区和信道功率配置对话框

[小区和信道功率配置]页面参数说明，见表 5.5。

表 5.5　小区和信道功率配置参数表

小区和信道功率配置	
上行最大发射功率	
值域	－50～33
单位	dBm

续 表

小区和信道功率配置	
缺省值	24
配置说明	—
小区下行最大发射功率(小区总的发射功率)	
值域	0～50
单位	dBm
缺省值	30
配置说明	—
下行最小发射功率(DPCH)	
值域	－35～15
单位	dBm
缺省值	－9
配置说明	—
下行最大发射功率(DPCH)	
值域	－35～15
单位	dBm
缺省值	－3
配置说明	—
上行最大发射功率(DPCH)	
值域	－35～15
单位	dBm
缺省值	15
配置说明	—
网络侧期望在DPCH上接收到的UE的发射功率	
值域	－120～－58
单位	dBm
缺省值	－90
配置说明	—
PCCPCH的发射功率	
值域	6～40
单位	dBm
缺省值	24
配置说明	—
DWPCH的发射功率	
值域	－15～40
单位	dBm
缺省值	27
配置说明	—

③ [小区载频时隙配置]页面

[小区载频时隙配置]页面如图5.10所示。

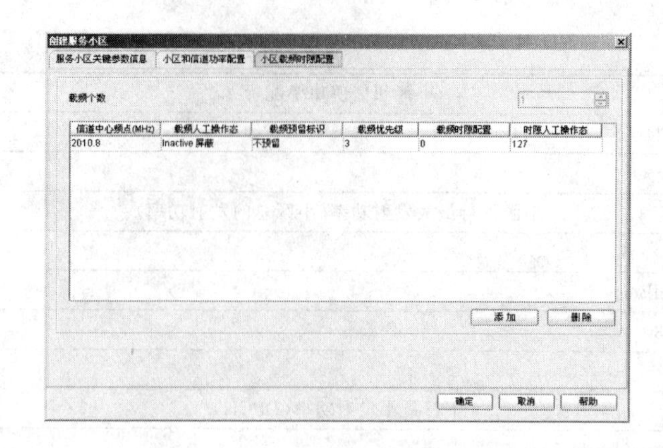

图 5.10　小区载频时隙配置对话框

[小区载频时隙配置]页面参数说明，见表 5.6。

表 5.6　小区载频时隙配置参数表

小区载频时隙配置	
载频人工操作态	
值域	Active 解屏蔽，Inactive 屏蔽
单位	无
缺省值	Inactive 屏蔽
配置说明	—
载频预留标识	
值域	预留，不预留
单位	无
缺省值	不预留
配置说明	—
载频优先级	
值域	1～6
单位	无
缺省值	3
配置说明	—
载频时隙配置	
值域	0,1,2
单位	无
缺省值	0
配置说明	—
时隙人工操作态	
值域	0～127
单位	无
缺省值	127
配置说明	—

(3) 单击[确定]按钮，创建服务小区。

5.3.4 快速创建小区

系统提供快速创建服务小区功能。

1. 应用场景

快速创建 Node B 服务小区。

2. 任务准备

已经创建成功局向配置、引用类参数。

3. 操作步骤

(1) 在配置资源树窗口,右键单击选择[server]→[子网用户标识]→[管理网元用户标识]→[配置集标识]→[RNC 全局资源标识]→[Node B 小区配置]→[Node B 标识]→[创建]→[快速创建服务小区],如图 5.11 所示。

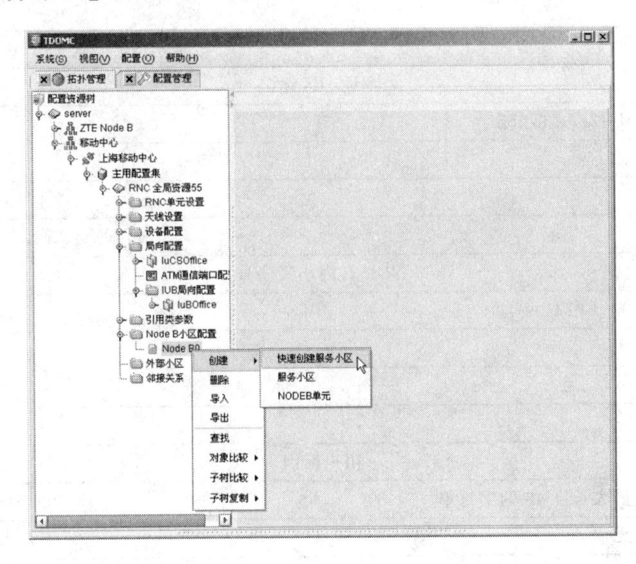

图 5.11 快速创建服务小区

(2) 单击[快速创建服务小区],弹出对话框如图 5.12 所示。

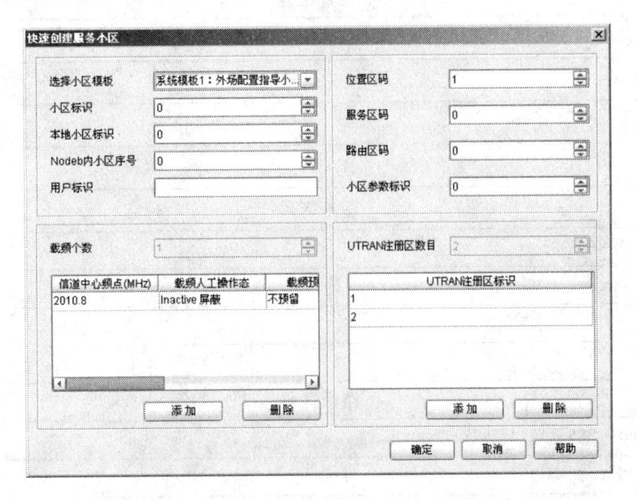

图 5.12 快速创建服务小区对话框

与图 5.12 相关的关键参数,见表 5.7。

表 5.7 快速创建服务小区参数表

快速创建服务小区	
选择小区模板	
值域	系统模板 1:外场配置指导小区模板
单位	无
缺省值	系统模板 1:外场配置指导小区模板
配置说明	—
小区标识	
值域	0～65 535
单位	无
缺省值	0
配置说明	—
本地小区标识	
值域	0～268 435 455
单位	无
缺省值	0
配置说明	—
Node B 内小区序号	
值域	0～1 023
单位	无
缺省值	0
配置说明	—
用户标识	
值域	最大长度 40 的字符串
单位	无
缺省值	无
配置说明	方便用户识别的具体对象名称
位置区码	
值域	1～65 535
单位	无
缺省值	5
配置说明	—
服务区码	
值域	0～65 535
单位	无
缺省值	0
配置说明	—
路由区码	
值域	0～255
单位	无

续表

快速创建服务小区	
缺省值	0
配置说明	—
信道中心频点	
值域	0～3 276.6
单位	MHz
缺省值	2 010.8
配置说明	—
小区参数标识	
值域	0～127
单位	无
缺省值	0
配置说明	—
UTRAN 注册区标识	
值域	0～65 535
单位	无
缺省值	1
配置说明	—

(3) 单击[确定]按钮，快速创建服务小区。

5.4　实际操作流程

5.4.1　创建 Node B

创建 Node B 页面如图 5.13 所示。

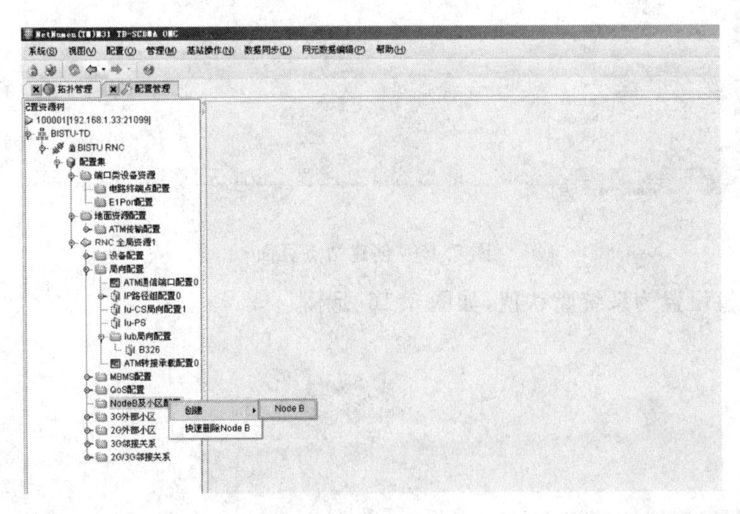

图 5.13　创建 Node B 页面

Node B 基本参数设置如图 5.14 所示。

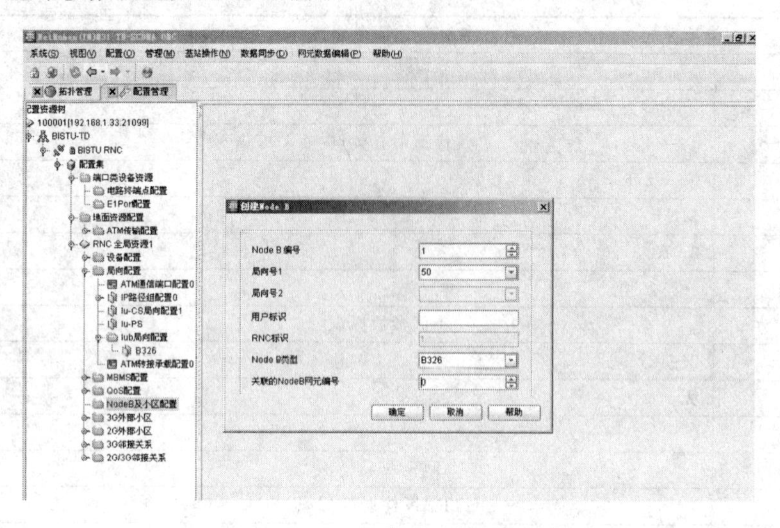

图 5.14 Node B 基本参数设置

5.4.2 创建站点

创建站点页面如图 5.15 所示。

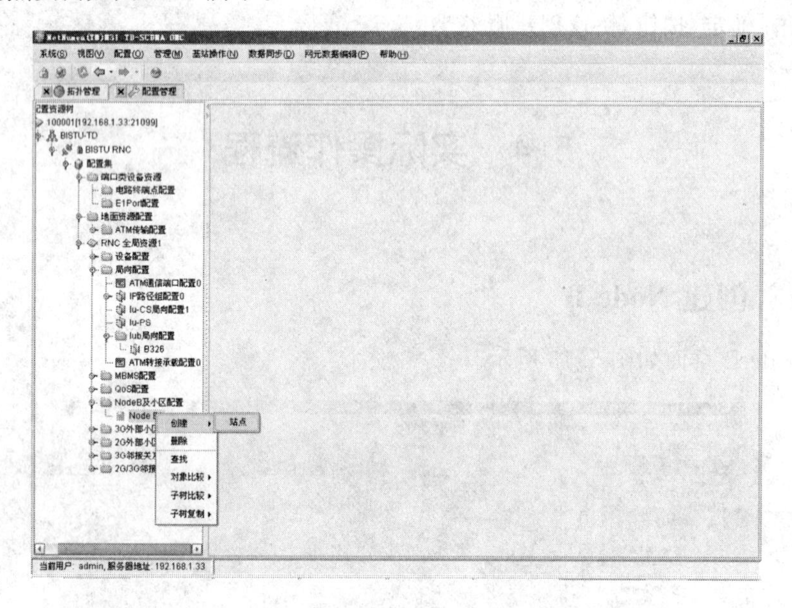

图 5.15 创建站点页面

站点参数值设置为系统默认值，如图 5.16 所示。

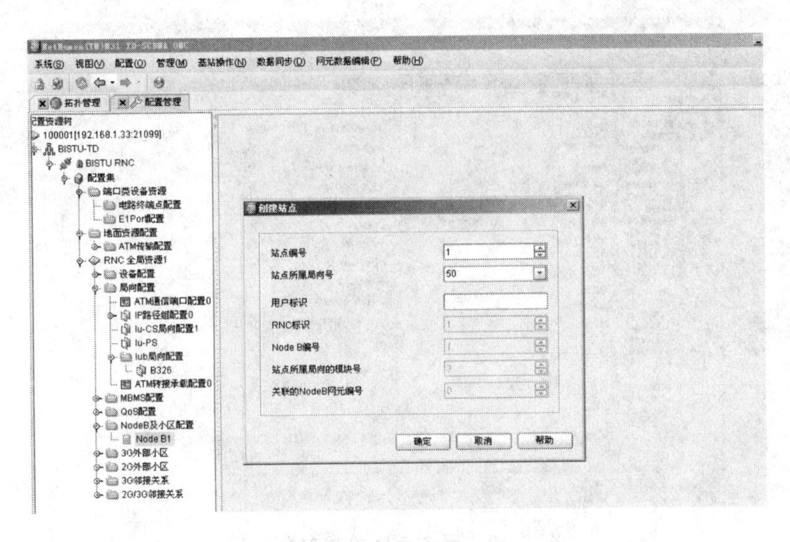

图 5.16　站点参数设置

5.4.3　创建服务小区

创建服务小区页面如图 5.17 所示。

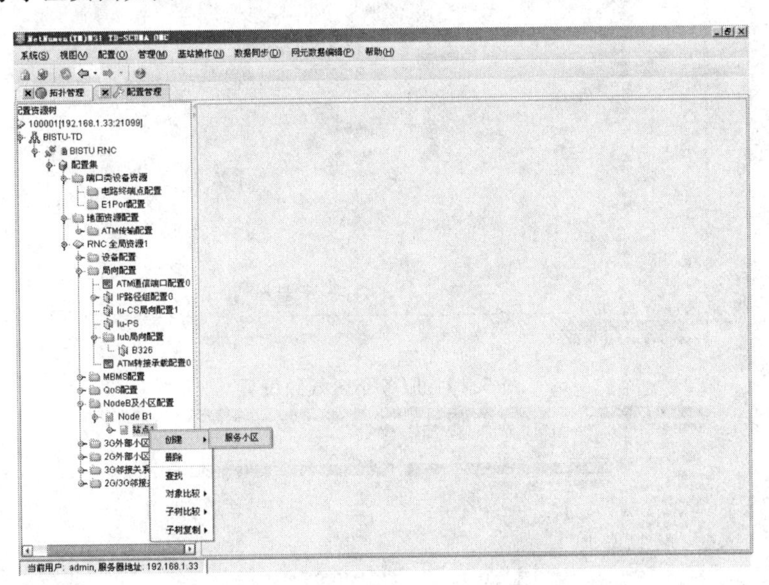

图 5.17　创建服务小区页面

1. 服务小区中关键参数设置

服务小区关键参数设置如图 5.18 所示。

2. 服务小区中载频设置

在服务小区载频设置页面分别添加三个频点 2010.8,2012.4,2014,如图 5.19 所示。

3. 服务小区中地理信息配置

配置地理信息,使用系统默认值,如图 5.20 所示。

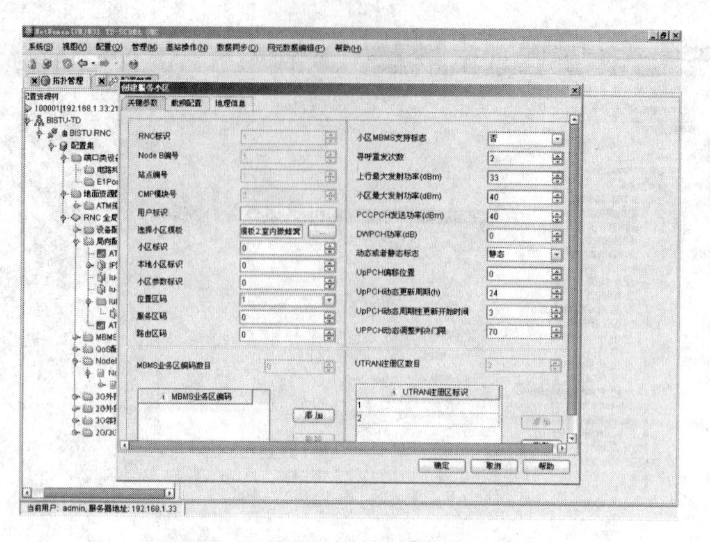

图 5.18　服务小区关键参数配置

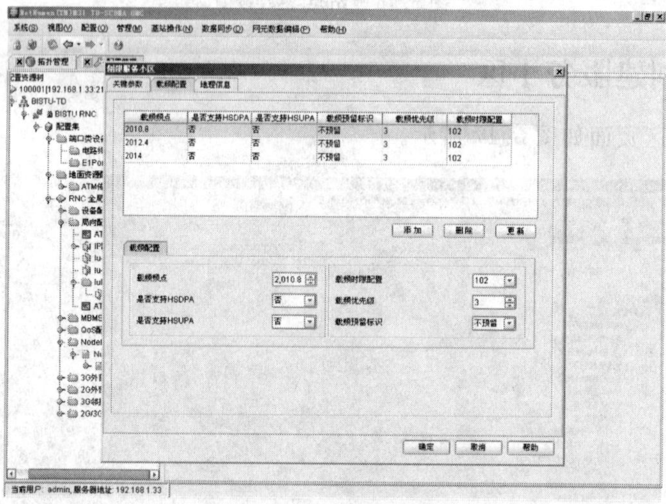

图 5.19　服务小区载频设置

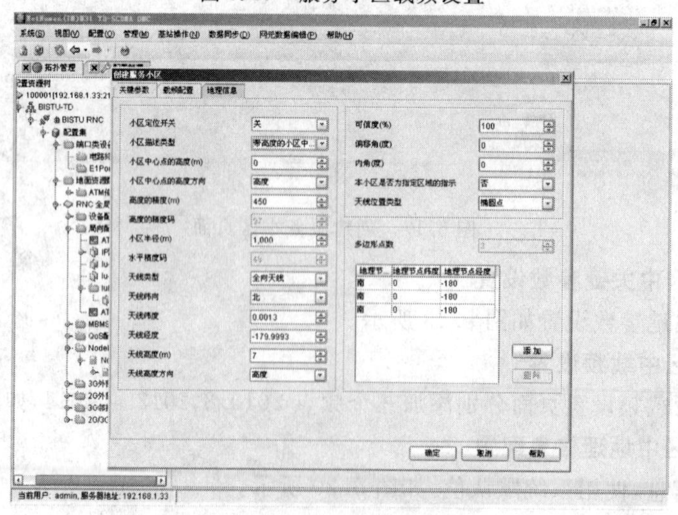

图 5.20　服务小区地理信息配置

实训 6

动态数据管理

6.1　实训目的

熟悉动态数据管理及操作。

6.2　实训主要内容

- 动态数据管理启动；
- 动态数据管理。

说明：

动态数据管理主要完成对 RNC 某些关键资源的状态查询和管理控制（如闭塞、解闭、激活、去活、阻断和解阻断等）。

对单板的操作，由于单板种类不同所提供的操作也不相同。CLKG 单板没有 CPU，只提供主备倒换和选择时钟基准的操作；外围单板提供主备倒换、单板复位和 CPU 占有率的告警门限管理。主控板 ROMB 除具有外围单板的功能外，还提供 CPU 温度告警门限的管理。

数据同步操作包括在动态数据管理中，有整表同步和增量同步两种。

（1）整表同步

将 OMCR 服务器端数据库中的所有表的所有数据打包成一个文件发送到 RNC，RNC 进行所有数据的加载。一般在完成系统初始配置或 RNC 网元数据库失效时使用整表同步。

（2）增量同步

将上次同步后做过修改的数据打包成文件发送到 RNC，RNC 加载这些修改的数据。整表同步之后的数据修改一般都使用增量同步。

整表同步和增量同步方式比较见表 6.1。

表 6.1　配置同步方式比较表

比较项	整表同步	增量同步
数据同步方向	后台→前台	后台→前台
应用情况	在后台进行初始配置 前后台数据不一致,后台数据同步到前台	后台部分数据调整后,后台数据同步到前台
同步内容	全部配置数据	部分配置数据
同步后,RNC是否需要重启	是	否
操作方法	单击 RNC 配置管理属性页整表同步快捷按钮 进行	单击 RNC 配置管理属性页增量同步快捷按钮 进行

数据同步后可通过[存盘情况查询]操作查看前台的数据存盘完成情况。

6.3　实训基本操作

6.3.1　动态数据管理启动

(1) 在客户端菜单栏单击[视图]→[动态数据管理],进入动态数据管理主视图,如图 6.1 所示。

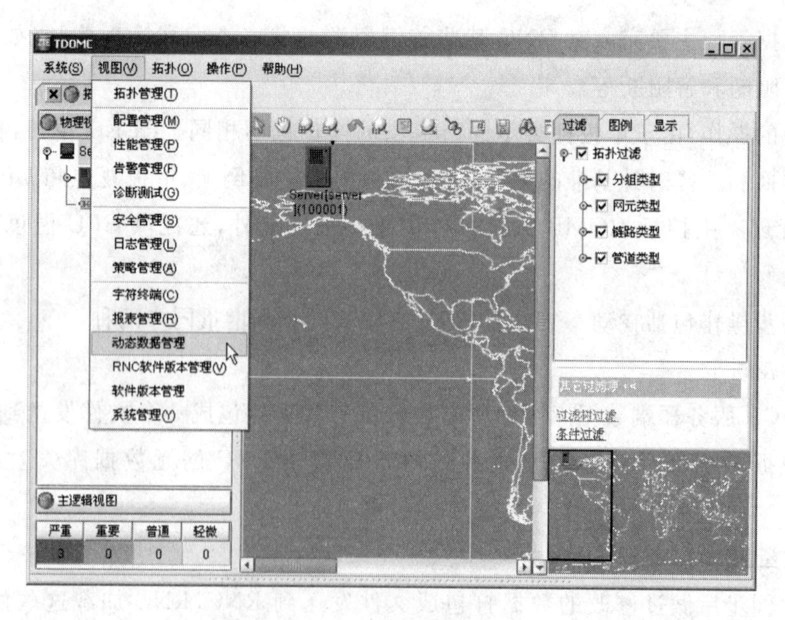

图 6.1　动态数据管理启动

(2) 进入动态数据管理视图菜单后,单击[server]→[UTRAN 子网标识]→[管理网元标识],打开拓扑树上动态数据管理节点,双击该节点,弹出动态数据管理视图页面,如图 6.2所示。

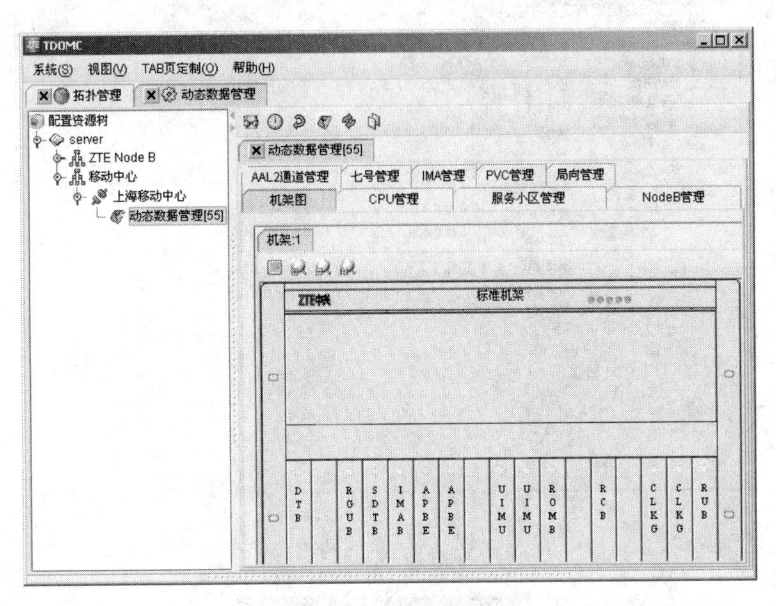

图 6.2 动态数据管理页面

动态数据管理快捷菜单见表 6.2。

表 6.2 动态数据管理快捷菜单

快捷菜单	说明	快捷菜单	说明
	查询网元系统时钟		Iu-PS 复位
	SNTP 时钟同步		Iu-CS、Iu-PS 复位
	Iu-CS 复位		按模块同步业务进程和数据库表

6.3.2 动态数据管理

1. 整表同步和增量同步

数据配置完成后,通过整表同步或增量同步将数据同步到 RNC。

1) 整表同步。

(1) 在[配置管理]页面下[管理网元]节点处,右键单击选择[RNC 管理网元用户标识]→[配置数据管理]→[整表同步],如图 6.3 所示;也可在 RNC 管理网元用户属性页面下单击按钮,进行整表同步操作。

(2) 单击[整表同步],弹出[是否先进行全局数据的合法性检查?]的确认对话框,如果不进行全局数据的合法性检查,则弹出整表同步对话框,如图 6.4 所示。

与图 6.4 相关的关键参数,见表 6.3。

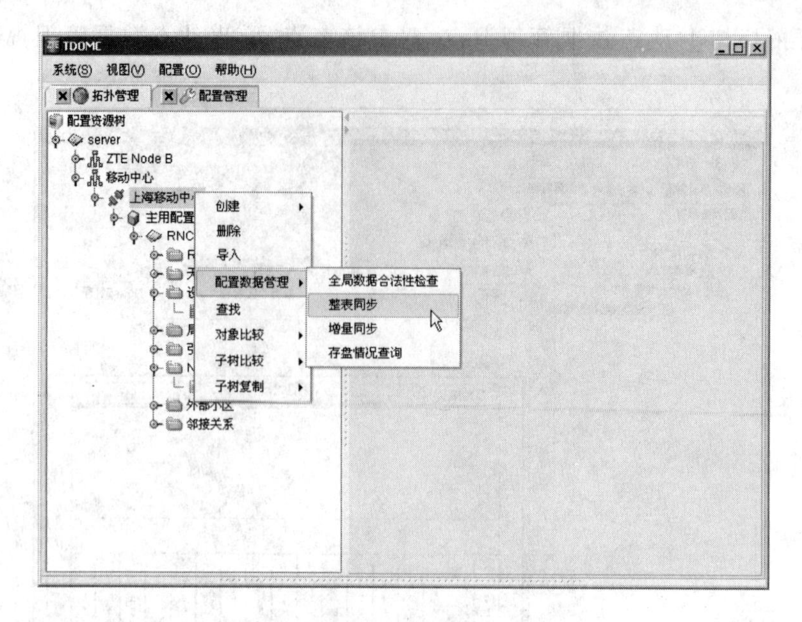

图 6.3 整表同步

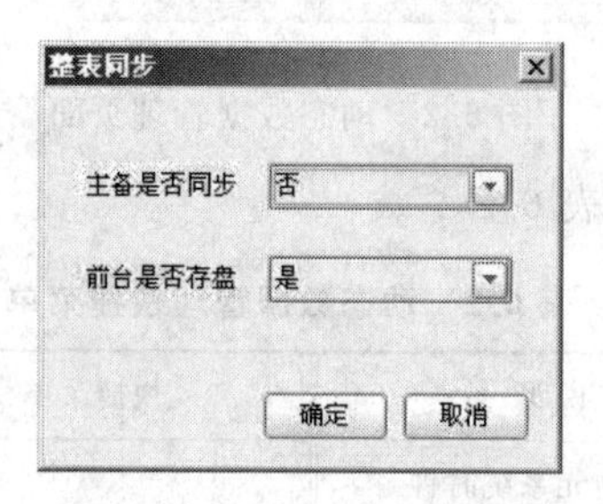

图 6.4 整表同步对话框

表 6.3 整表同步参数表

整表同步	
主备是否同步	
值域	是,否
单位	无
缺省值	否
配置说明	选择[是],前台同步完成后执行主备数据同步;选择[否],前台同步完成后不执行主备数据同步
前台是否存盘	
值域	是,否
单位	无
缺省值	是
配置说明	选择[是],前台同步完成后执行存盘操作;选择[否],前台同步完成后不执行存盘操作

(3) 单击[确定]按钮完成整表同步,如图 6.5 所示。

2）增量同步。

在管理网元节点右键单击选择[RNC 管理网元用户标识]→[配置数据管理]→[增量同步]，也可以在 RNC 管理网元用户属性页面单击按钮进行增量同步操作，参数说明和操作步骤与整表同步相同。

2. 存盘情况查询

数据同步完成后，可通过该操作查询前台存盘是否已经完成。

(1) 在[配置管理]页面管理网元节点处右键单击选择[RNC 管理网元用户标识]→[配置数据管理]→[存盘情况查询]，也可单击按钮进行存盘情况查询操作。

(2) 弹出存盘情况对话框，如图 6.6 所示。单击[确定]按钮，完成存盘情况查询操作。

图 6.5 整表同步操作成功提示框

图 6.6 存盘情况查询操作结果对话框

3. SNTP 时钟同步

为了保证 OMCR 和 RNC 的时间一致，需要进行 SNTP 时钟同步。时间的一致，对于 OMCR 和 RNC 的告警、性能测量显得尤为重要。

具体操作条件和步骤如下：

(1) 前后台通信正常；

(2) SNTP 服务器运行正常；

(3) SNTP 数据配置已经同步到 RNC；

(4) 在[动态数据管理]视图的工具栏上，单击按钮进行 SNTP 时钟同步操作；

(5) 弹出 SNTP 时钟同步操作结果对话框。

4. Iu-CS 复位，Iu-PS 复位，Iu-CS、Iu-PS 复位

Iu 口的信令复位操作包括 Iu 复位 CS 域、Iu 复位 PS 域、Iu 复位 CS 和 PS 域。

1）Iu-CS 复位

具体操作条件和步骤如下：

(1) 前后台通信正常；

(2) Iu-CS 接口工作正常；

(3) 在[动态数据管理]视图的工具栏上，单击按钮进行 Iu-CS 复位操作；

(4) 弹出复位确认对话框，如图 6.7 所示。单击[确定]按钮，完成 Iu-CS 复位操作。

2）Iu-PS 复位

具体操作条件和步骤如下：

(1) 前后台通信正常；

(2) Iu-PS 接口工作正常；

(3) 在[动态数据管理]视图的工具栏上，单击按钮进行 Iu-PS 复位操作；

（4）弹出复位确认对话框，如图 6.8 所示。单击[确定]按钮，完成 Iu-PS 复位操作。

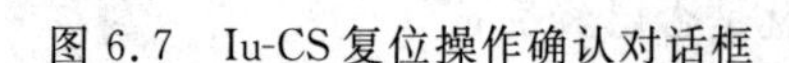
图 6.7　Iu-CS 复位操作确认对话框

图 6.8　Iu-PS 复位操作确认对话框

3）Iu-CS、Iu-PS 复位

具体操作条件和步骤如下：

（1）前后台通信正常；

（2）Iu-CS、Iu-PS 接口工作正常；

（3）在[动态数据管理]视图的工具栏上，单击按钮进行 Iu-CS、Iu-PS 复位操作；

（4）弹出复位确认对话框，如图 6.9 所示。单击[确定]按钮，完成 Iu-CSPS 复位操作。

图 6.9　Iu-CSPS 复位操作确认对话框

5. 按模块同步业务进程和数据库表

用户可以按照模块同步业务进程和数据库表。

（1）在[动态数据管理]页面的[动态数据管理]工具栏上，单击[按模块同步业务进程和数据库表]按钮，弹出[按模块同步业务进程和数据库表]对话框，如图 6.10 所示。

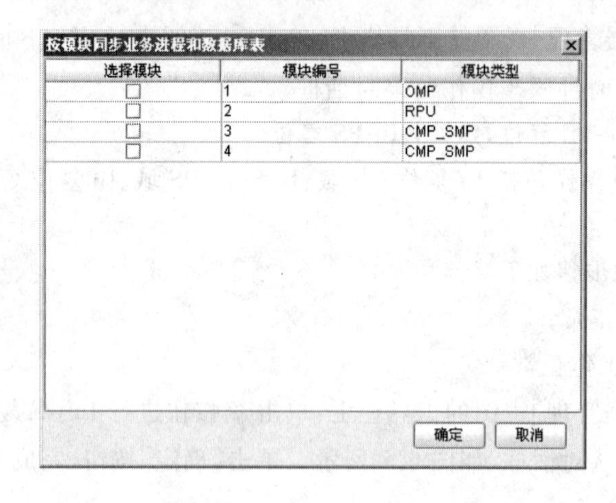

图 6.10　按模块同步业务进程和数据库表对话框

（2）选择需要同步的模块，单击[确定]按钮，完成同步操作。

6. 机架相关管理

机架相关管理主要是对单板进行操作，包括正常复位、强制复位、正常倒换、强制倒换、查询 CPU 占有率，页面如图 6.11 所示。

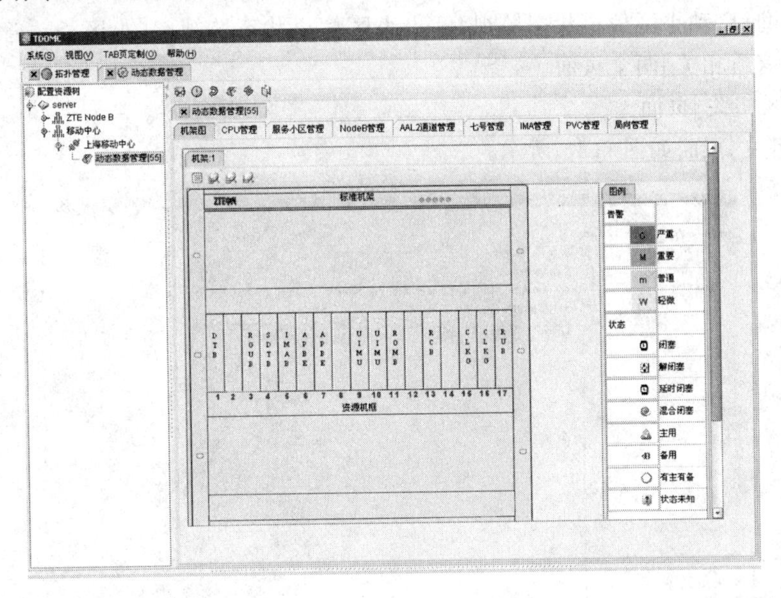

图 6.11 机架相关管理页面

7. CPU 状态管理

CPU 状态管理主要显示各个已经配置了 CPU 的单板所在的架框和状态，包括单元状态和模块状态；以及可对单板进行的操作，包括正常复位、强制复位、正常倒换、强制倒换、查询 CPU 占有率，如图 6.12 所示。

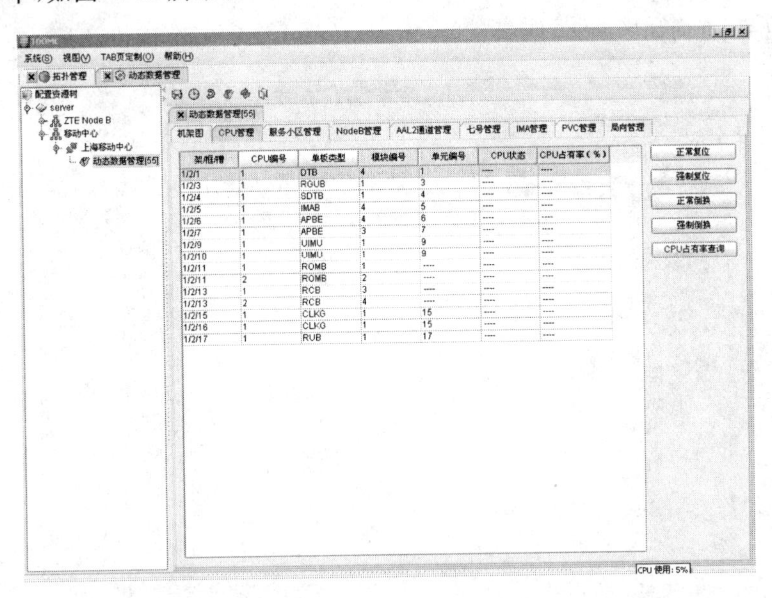

架/框/槽	CPU编号	单板类型	模块编号	单元编号	CPU状态	CPU占有率(%)
1/2/1	1	DTB	4	1	----	----
1/2/3	1	RGUB	1	3	----	----
1/2/4	1	SDTB	1	4	----	----
1/2/5	1	IMAB	4	5	----	----
1/2/6	1	APBE	4	6	----	----
1/2/7	1	APBE	3	7	----	----
1/2/9	1	UIMU	1	9	----	----
1/2/10	1	UIMU	1	9	----	----
1/2/11	1	ROMB	1	----	----	----
1/2/11	2	ROMB	2	----	----	----
1/2/13	1	RCB	3	----	----	----
1/2/13	2	RCB	4	----	----	----
1/2/15	1	CLKG	1	15	----	----
1/2/16	1	CLKG	1	15	----	----
1/2/17	1	RUB	1	17	----	----

图 6.12 CPU 状态管理页面

8. 服务小区相关管理

服务小区相关管理主要进行小区和信道的操作,包括小区状态查询、启动小区状态监视、停止小区状态监视、获取小区在线 UE 个数、获取本 RNC 所有小区在线 UE 个数、小区信道状态查询、启动小区信道状态监视、停止小区信道状态监视。[小区相关管理]包含[小区相关]和[信道相关]两个页面。

1) [小区相关]页面

[小区相关]页面如图 6.13 所示。

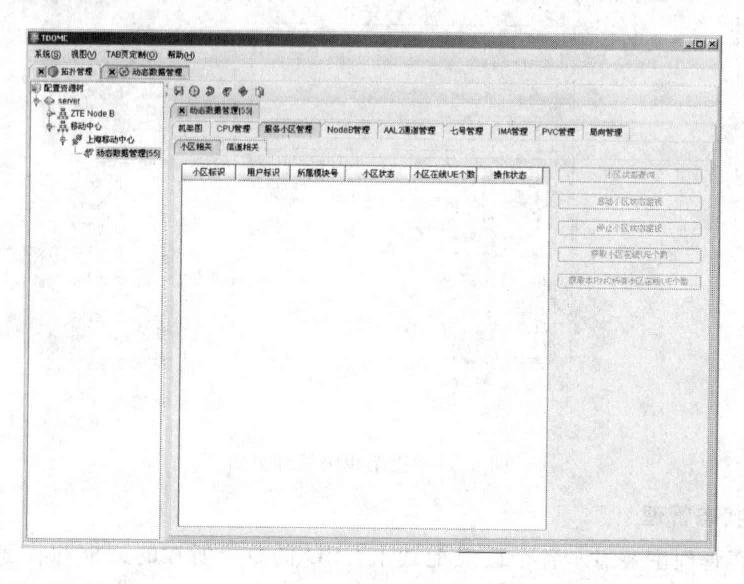

图 6.13　小区相关管理页面

2) [信道相关]页面

[信道相关]页面如图 6.14 所示。

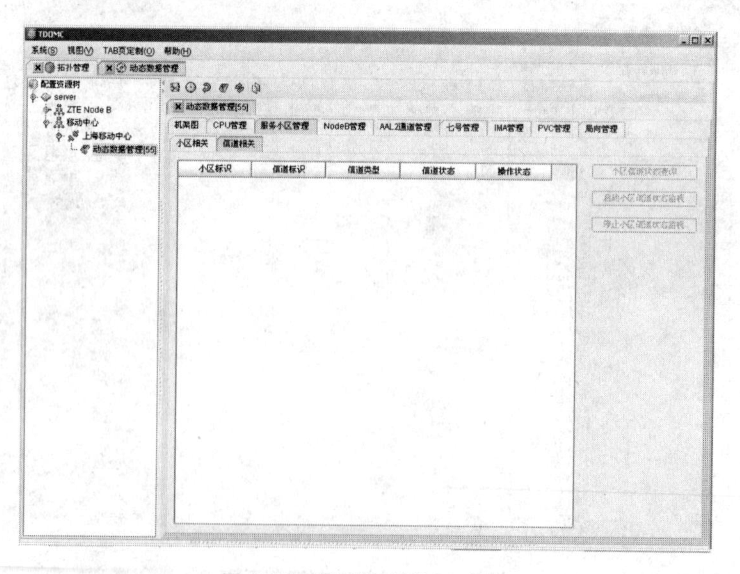

图 6.14　信道相关管理页面

9. Node B 相关页面

Node B 相关管理进行 Node B 的操作，包括 Iu-B 复位、发起资源核查，Node B 相关管理页面如图 6.15 所示。

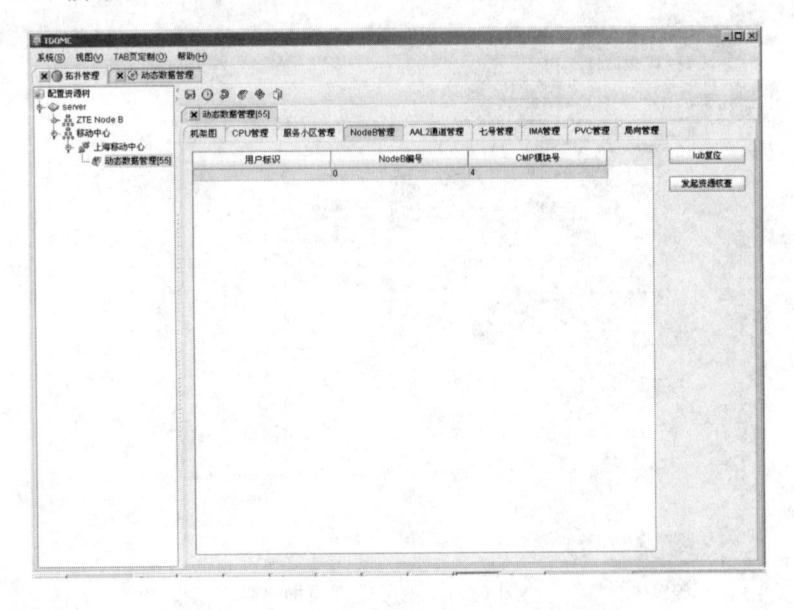

图 6.15　Node B 相关管理页面

10. AAL2 通道管理

AAL2 通道管理主要进行 AAL2 通道的操作，包括 AAL2 通道状态查询、AAL2 通道闭塞、AAL2 通道解闭塞、AAL2 信道复位、AAL2 信道停止复位。AAL2 通道管理页面如图 6.16 所示。

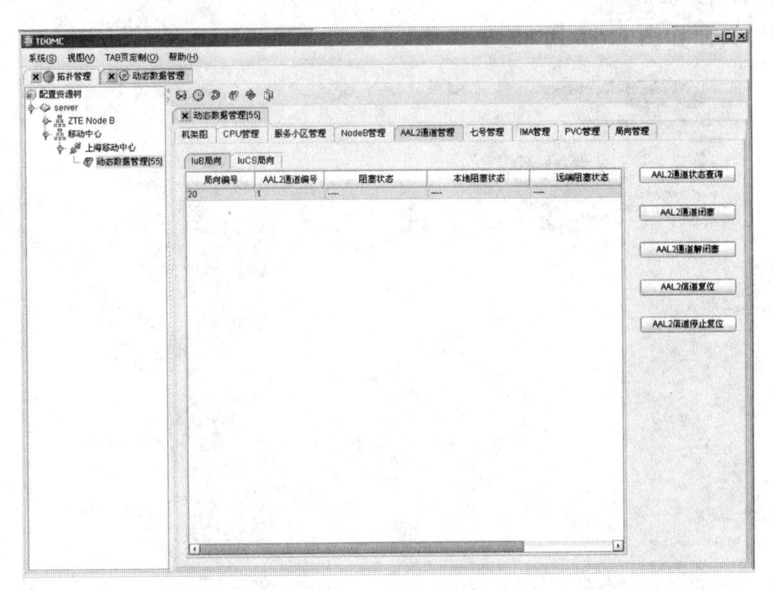

图 6.16　AAL2 通道管理页面

11. 七号管理

七号管理主要进行七号信令的操作，包括局向状态信息查询、MTP3 链路阻断、MTP3 链路去阻断。七号管理页面如图 6.17 所示。

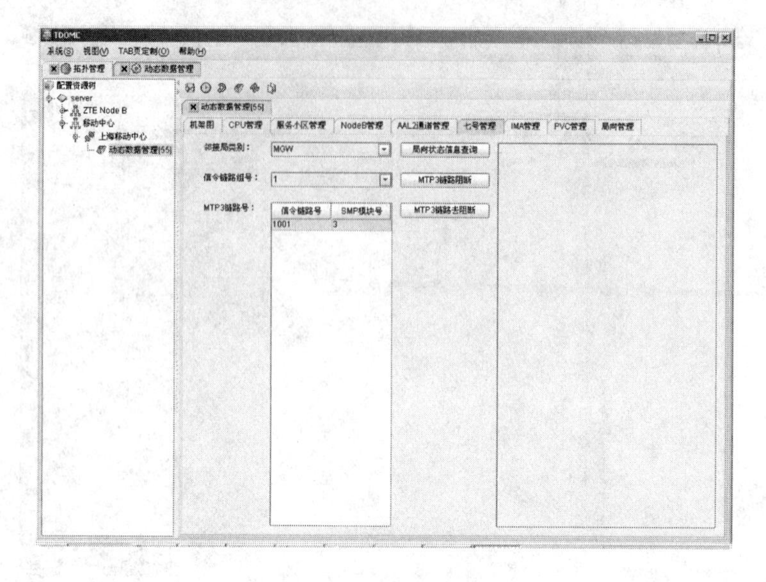

图 6.17　七号管理页面

12. IMA 管理

IMA 管理主要进行 IMA 组和 IMA 链路的操作，包括 IMA 组状态查询、禁止 IMA 组、解禁 IMA 组、重启 IMA 组、链路状态查询(UNI E1 模式、IMA 组模式)、禁止 IMA 链路、解禁 IMA 链路。IMA 管理页面包含[IMA 组]和[IMA 链路]两个页面。

1) [IMA 组]页面

[IMA 组]页面如图 6.18 所示。

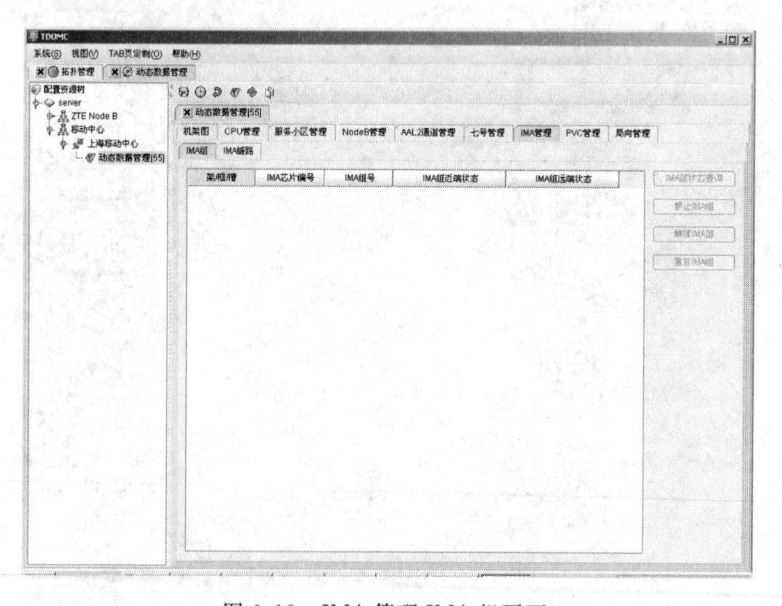

图 6.18　IMA 管理 IMA 组页面

2）[IMA 链路]页面

[IMA 链路]页面如图 6.19 所示。

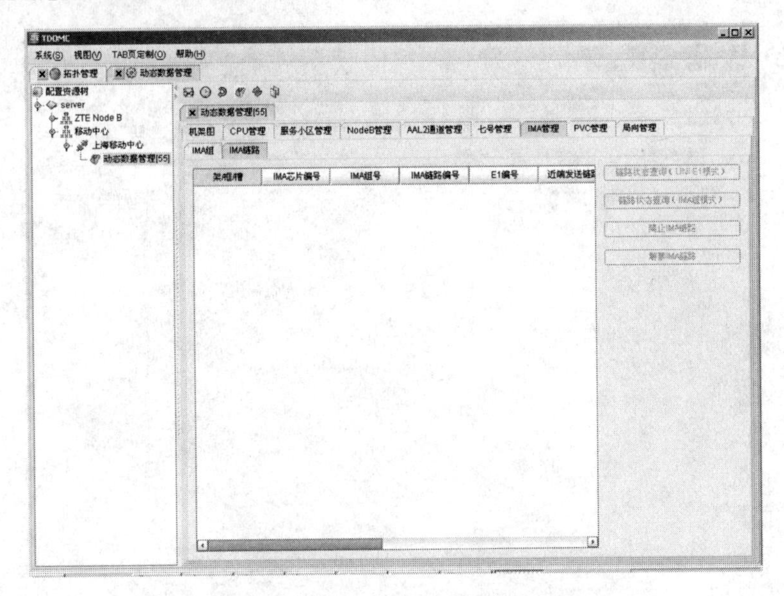

图 6.19　IMA 管理 IMA 链路页面

13. PVC 管理

PVC 管理主要是对 Iu-B 局向、Iu-CS 局向、Iu-PS 局向三种类型局向的 PVC 提供状态查询操作。

1）Iu-B 局向

Iu-B 局向页面如图 6.20 所示。

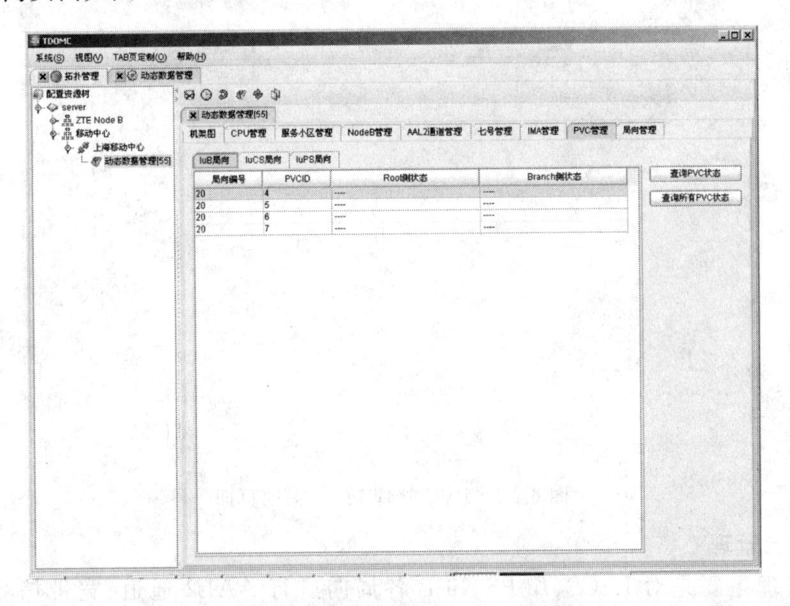

图 6.20　PVC 管理 Iu-B 局向页面

2）Iu-CS 局向

Iu-CS 局向页面如图 6.21 所示。

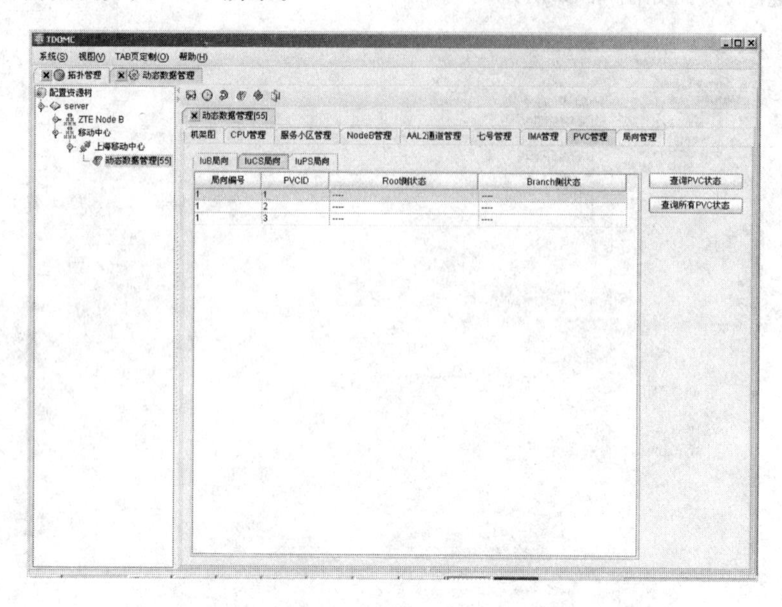

图 6.21　PVC 管理 Iu-CS 局向页面

3）Iu-PS 局向

Iu-PS 局向页面如图 6.22 所示。

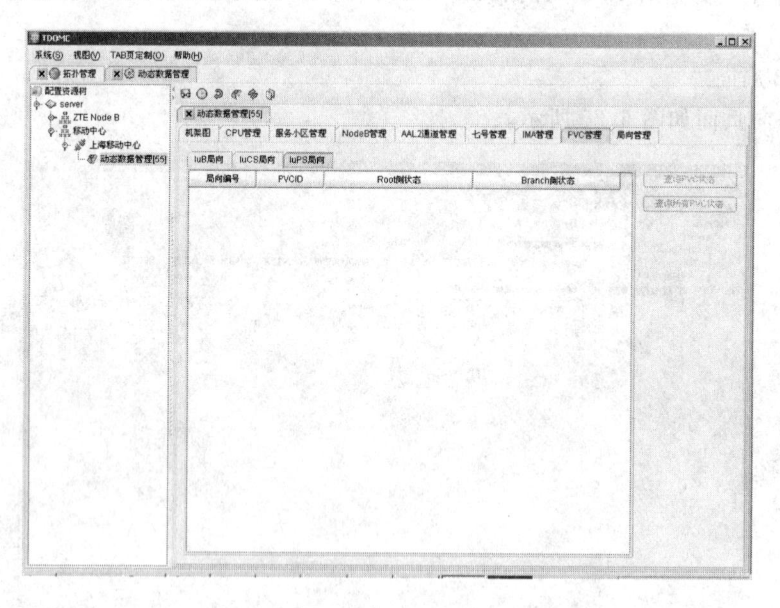

图 6.22　PVC 管理 Iu-PS 局向页面

14. 局向管理

局向管理主要是对 Iu-CS、Iu-PS、Iu-B 各局向进行 AAL2 通道、宽带信令链路、ATMPVC、IMA 组、IMA 的管理操作，局向管理页面如图 6.23 所示。

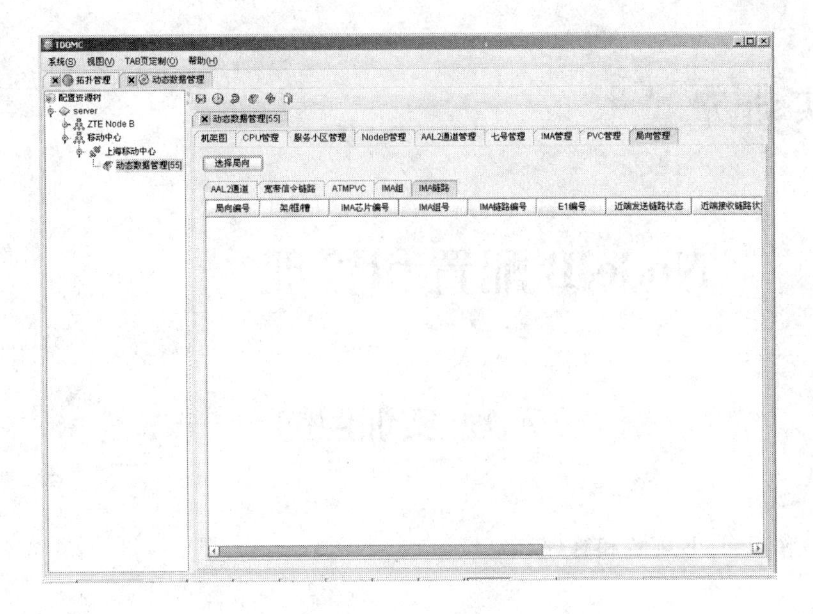

图 6.23　局向管理页面

6.4　实际操作流程

动态数据管理如图 6.24 所示。

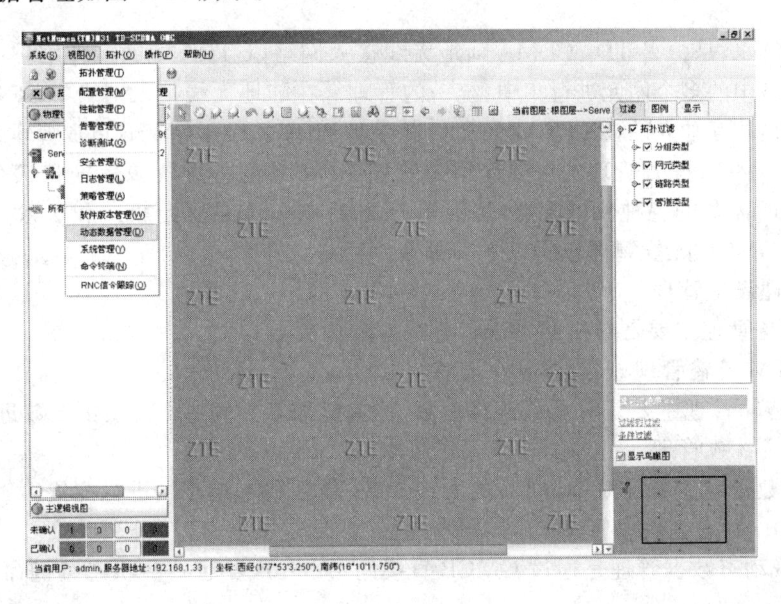

图 6.24　动态数据管理

实训 7

Node B 配置和管理

7.1 实训目的

总体了解 Node B 配置和管理。

7.2 实训主要内容

- 了解 OMC-B 配置管理接口；
- 掌握 Node B 配置操作流程；
- 了解数据配置流程和注意事项。

说明：

ZXTR OMC 是中兴 TD-SCDMA 陆地无线接入网络(UTRAN)的操作维护中心，对陆地无线接入网络中的多个网元进行集中、统一的管理。在陆地无线接入网络中，RNC 和 Node B 的管理可以是相互独立的，ZXTR OMCR 负责管理 RNC，ZXTR OMCB 负责管理 Node B。

ZXTR OMCB 配置管理的主要作用是管理 Node B 的各种资源数据和状态，为系统正常运行提供所需要的各种数据配置，从根本上决定 Node B 的运行模式和状态。

ZXTR OMCB 配置管理包括以下 5 部分。

(1) 物理设备管理

物理设备管理主要是对机架、机框、单板等进行配置。

(2) ATM 传输管理

ATM 传输管理主要是对承载链路参数、传输链路参数和 ATM 路由参数进行配置。

(3) 无线参数管理

无线参数管理主要是对 Node B 的无线参数、扇区和本地小区进行配置。

(4) Node B 动态数据管理

Node B 动态数据管理是通过 OMCB 直接向 Node B 发起一些状态查询命令以及操作执行命令。

(5) 软件版本管理

软件版本管理主要是为 Node B 上的各单板制定其运行的版本，使 Node B 正常工作。

配置管理模块结构如图 7.1 所示。

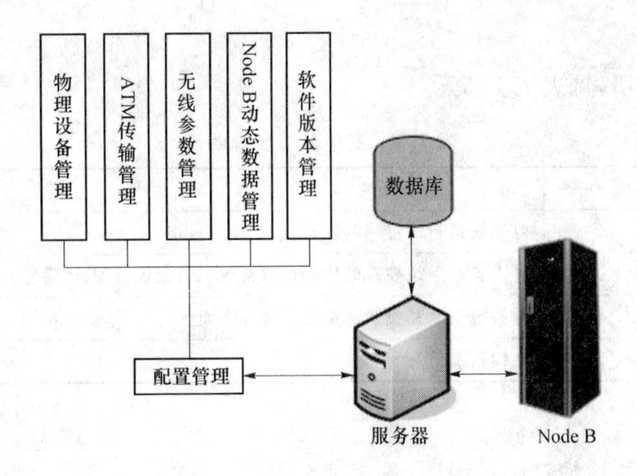

图 7.1 配置管理模块结构图

配置管理系统中物理设备配置、ATM 传输配置、无线参数配置对 Node B 系统的配置数据进行修改,修改之后的数据位于 OMCB 配置数据库中。

当用户确认本次的配置修改无误之后,调用数据同步,把修改数据同步到 Node B 中,实现对 Node B 系统运行数据的配置与修改。

7.3 实训基本操作

7.3.1 OMCB 配置管理接口介绍

登录到 OMCB 网管客户端后,选择[视图]→[配置管理]→[OMCB 配置管理接口],如图 7.2 所示。

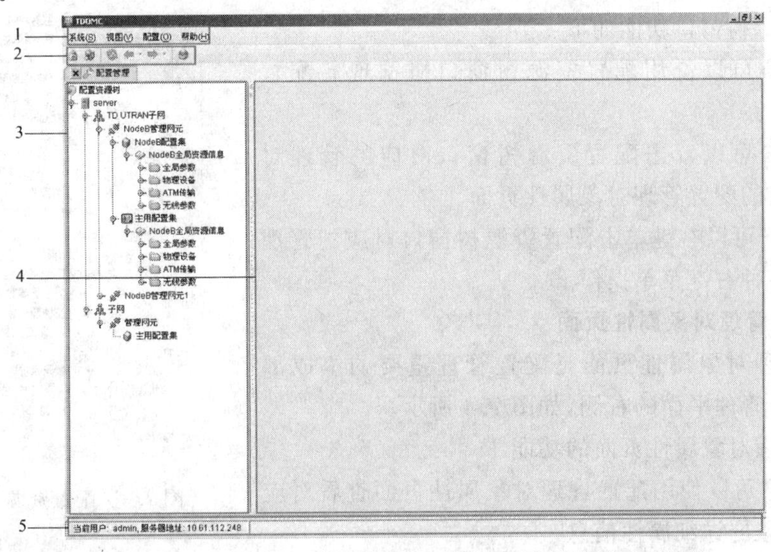

图 7.2 配置管理接口

1. 主菜单

主菜单功能说明,见表 7.1 所示。

表 7.1 主菜单功能说明表

菜单项	功 能
系统	对系统进行设置,如:屏幕锁定、设置风格
视图	进入各个系统模块的启动接口菜单,如:配置管理、告警管理
配置	对系统刷新和设置浏览显示属性页面数
说明	在线帮助信息

2. 工具栏

配置管理工具栏快捷键图示说明,见表 7.2。

表 7.2 配置管理工具栏快捷键图示说明表

图示	含义	说明
	锁定屏幕	用于屏幕锁定
	注销	注销当前用户
	刷新	刷新当前页面
	前进	进入前一属性页面
	后退	进入后一属性页面
	帮助主题	在线帮助

3. 配置资源树窗口

配置资源树窗口也称拓扑树窗口,类似于 Windows 接口的目录树结构,位于整个管理平面的左侧,如图 7.3 所示。

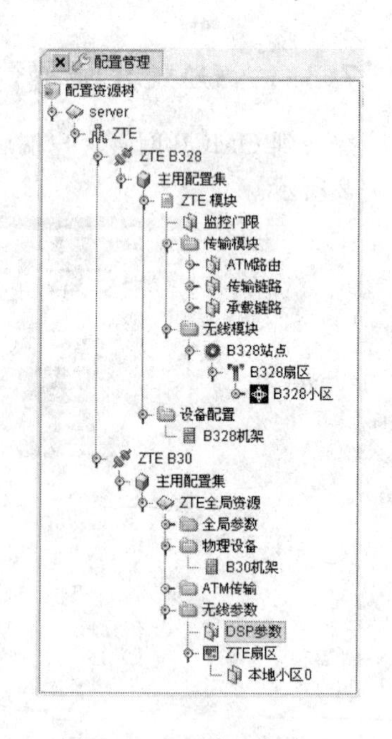

图 7.3 配置资源树窗口

配置资源树窗口功能如下:

(1) 用户可以使用配置资源树窗口概览现有配置对象。

(2) 用户可以双击配置资源树窗口对应的管理对象,打开对应的配置管理对象属性页面。

(3) 用户可以右键单击配置资源树窗口对应的管理对象,进行各种右键菜单操作。

4. 配置管理对象属性页面

配置管理对象属性页面是配置管理重要的组成部分,位于整个管理平面的右侧,如图 7.4 所示。

配置管理对象属性页面的功能:

(1) 用户可以使用配置管理对象属性页面查看对应配置管理对象的详细属性信息。

(2) 用户可以使用配置管理对象属性页面快捷菜单进行各种操作。

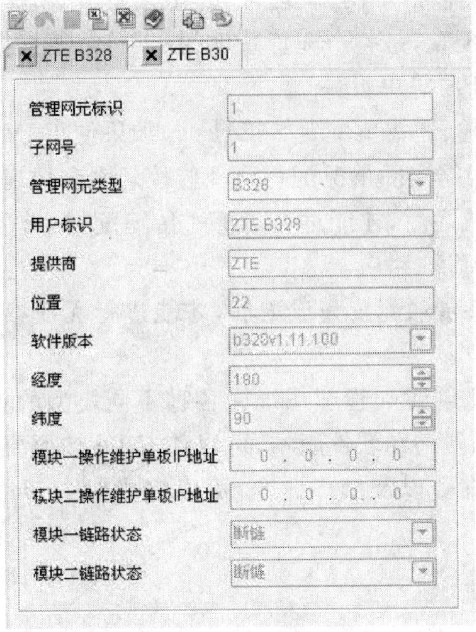

图 7.4　配置管理对象属性页面

5. 状态区

状态区是对当前登录用户和服务器的信息显示。

7.3.2　数据配置流程

完成一个 Node B 的数据配置工作，需要根据一定的顺序来操作，数据配置流程如图 7.5所示。

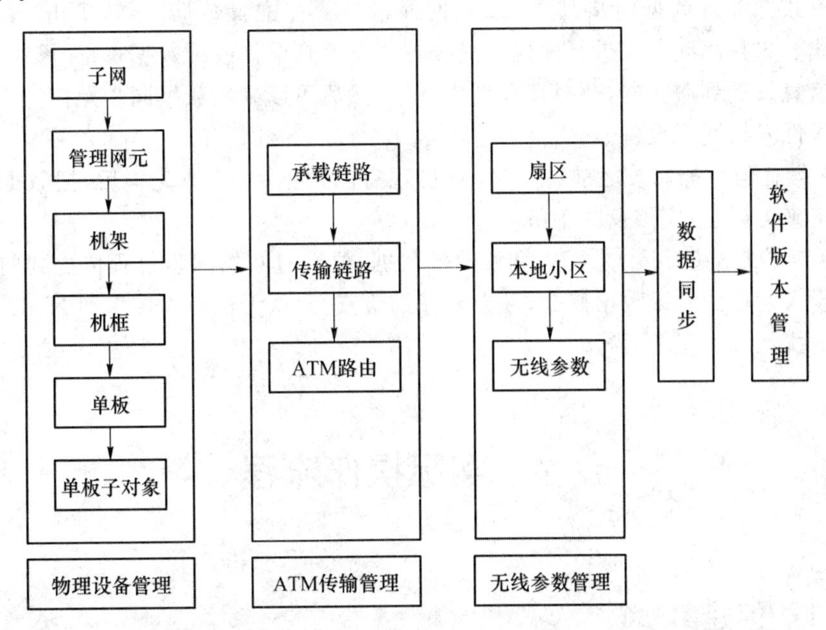

图 7.5　数据配置流程图

(1) 物理设备配置主要包括子网、管理网元、全局资源、机架、机框、单板等物理资源以及它们对应的逻辑资源的配置，是整个配置管理的基础，需要根据规划的 Node B 容量配置相应的 BCCS、TORN、TBPA 等单板。

如果使用光纤进行传输，还需要配置 STM1 线；如果使用 IMA 或 TC 进行传输，则需要配置 E1 线；最后，还需要根据实际情况配置环境监控门限和风扇。

(2) 物理设备配置完成之后，才能进行 ATM 传输配置，首先要配置承载链路，其次要配置传输链路，最后配置 ATM 路由。

(3) 物理设备和 ATM 传输配置完成之后，才能进行无线参数配置，首先要配置扇区，其次要配置本地小区。

(4) 软件版本管理用来创建和管理系统中各种不同类型的单板，可以选择和使用所有版本信息，通过指定不同的硬件和软件版本，可以使 CPU 按照要求进行工作。通过对已有的软件信息执行一些查询命令以及操作命令，可以完成对 Node B 上版本的下载、启动、测试和升级。

7.3.3 注意事项

数据配置是 Node B 系统的核心部分，在整个系统中起着非常重要的作用。数据配置的任何错误，都会严重影响系统的运行。因此要求数据操作用户在配置和修改数据时注意以下几点：

(1) 在数据配置之前，应先准备好系统运行的相关数据，数据应该是准确可靠的，并做一个完整的数据配置方案。好的方案不仅可以使数据更加清晰、有条理，而且可以提高系统的可靠性。

(2) 目前配置部分不支持在线配置方式，只能采用离线配置方式，然后以整表同步和增量同步的方式把配置数据同步到 Node B 网元设备。在配置数据之前，单击[菜单配置方式]→[离线]，选择离线方式进行配置。离线方式下客户端修改的数据执行[操作]→[发送]后将修改信息发送到服务器，暂时保存到服务器，然后可以采用数据同步操作把服务器保存的数据一次性发给网元设备。

(3) 在做任何数据修改之前，都应先备份现有的数据；当修改完毕后，把数据同步到前台并确认正确无误后，应该及时备份。

(4) 从维护终端(client)中配置和修改的数据，要经过数据同步过程传送到前台才能起作用。对投入运行的系统数据修改，务必要仔细检查，确认无误后再传送到 Node B，以防止错误数据干扰系统的正常运行。

7.4 实际操作流程

7.4.1 创建 B326

创建 B326 页面如图 7.6 所示。

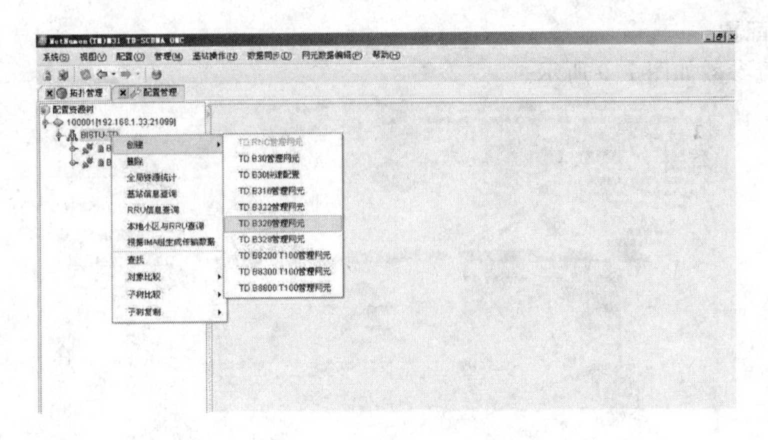

图 7.6 创建 B326 页面

B326 基本参数设置如图 7.7 所示。

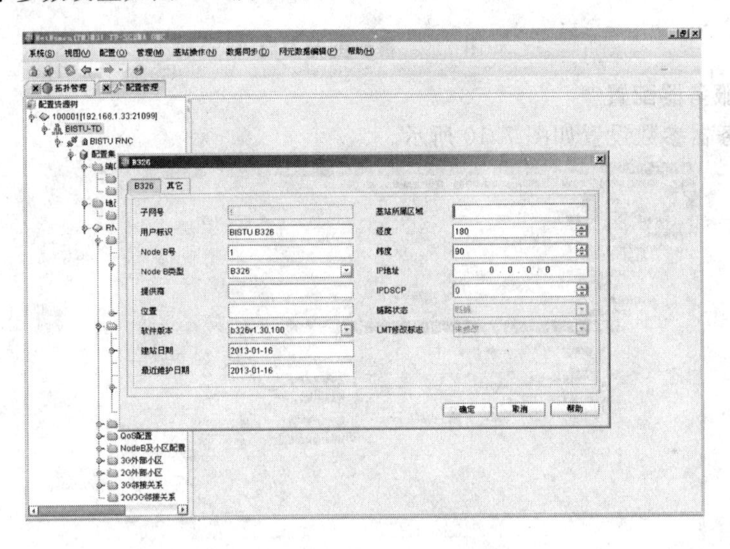

图 7.7 B326 基本参数配置

7.4.2 创建模块

创建模块页面如图 7.8 所示。

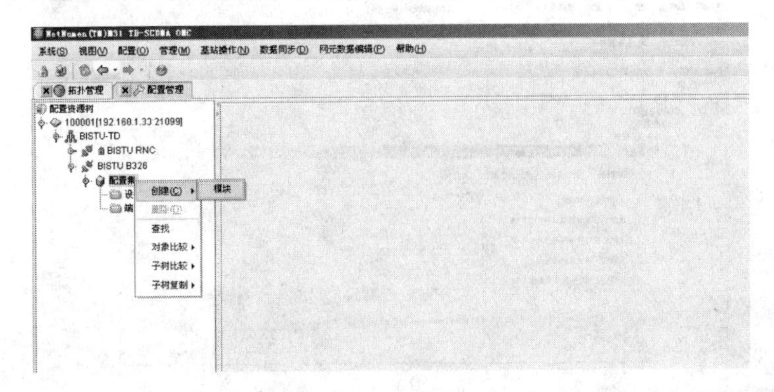

图 7.8 创建模块页面

1. 模块配置

模块配置参数如图 7.9 所示。

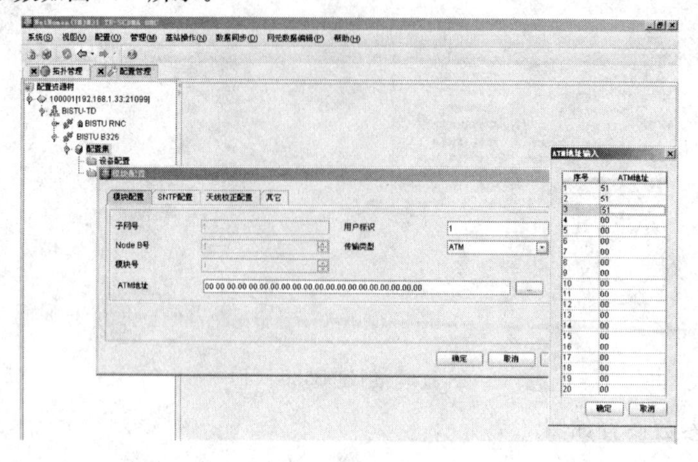

图 7.9　模块配置参数

2. SNTP 服务器配置

SNTP 服务器参数设置如图 7.10 所示。

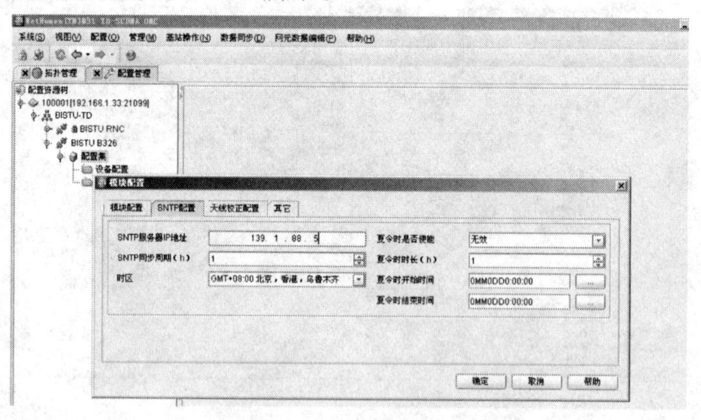

图 7.10　SNTP 服务器配置

3. 天线校正配置

天线校正配置各个参数值为系统默认值，如图 7.11 所示。

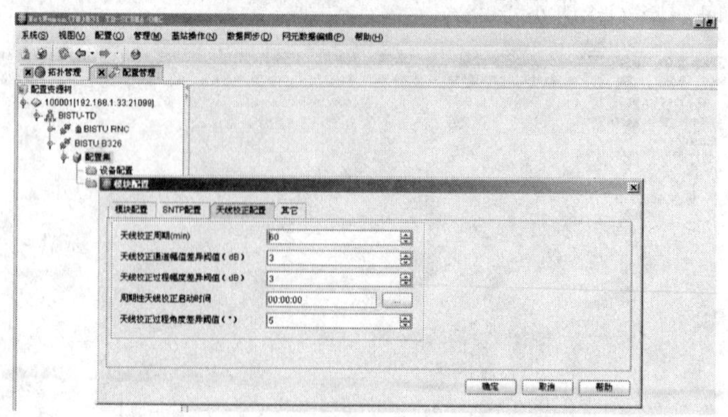

图 7.11　天线校正配置

4. 其他

[Node B 连接的 RNC 标识]应与 RNC 节点中设置的 RNC 标识相对应，如图 7.12 所示。

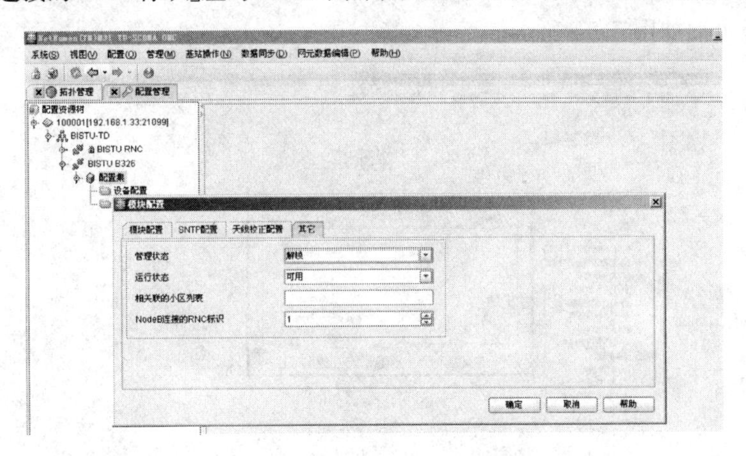

图 7.12 模块配置中的其他配置

7.4.3 创建机架

创建机架页面如图 7.13 所示。

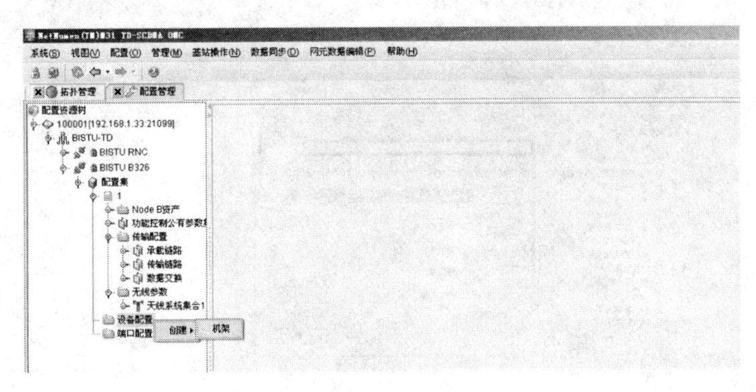

图 7.13 创建机架页面

机架配置各个参数值为系统默认值，如图 7.14 所示。

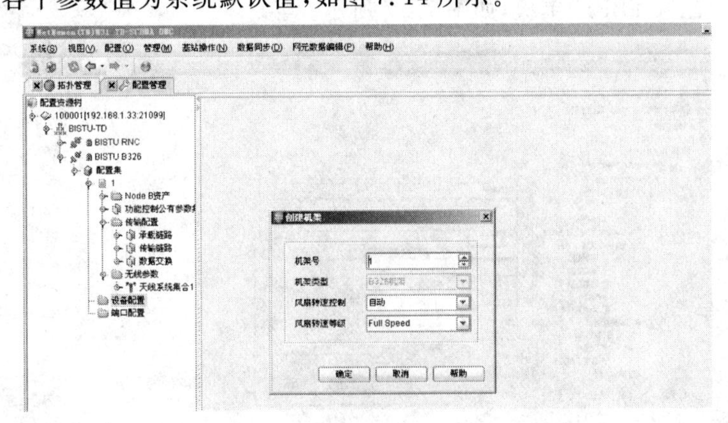

图 7.14 创建机架配置参数

7.4.4　创建机框

创建机框页面如图 7.15 所示。

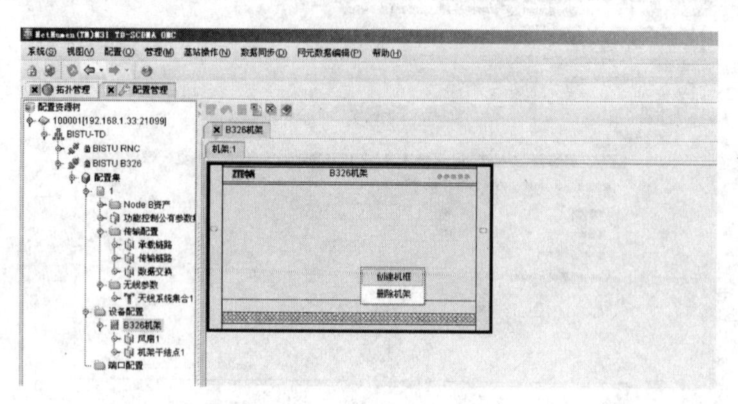

图 7.15　创建机框页面

1. 创建单板

7 和 8 号槽位配置为 BCCS 单板，如图 7.16 所示。

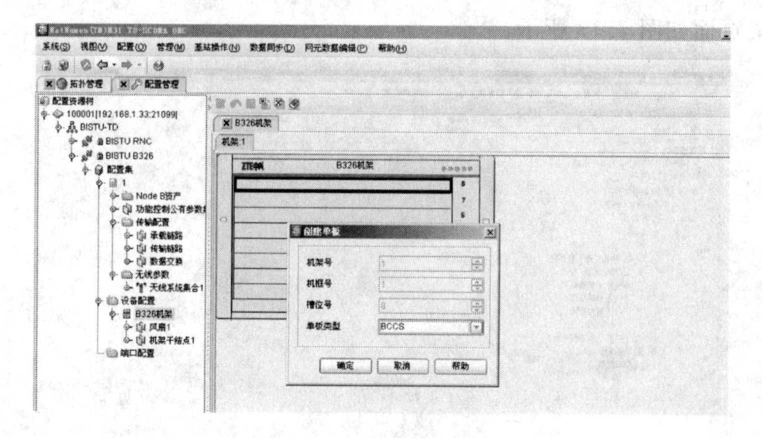

图 7.16　创建 BCCS 单板

5 号槽位配置为 TBPH 单板，如图 7.17 所示。

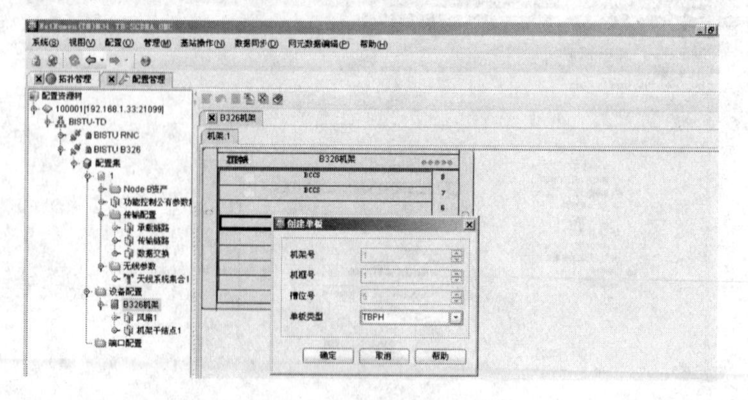

图 7.17　创建 TBPH 单板

2 号槽位配置为 BIIP 单板，如图 7.18 所示。

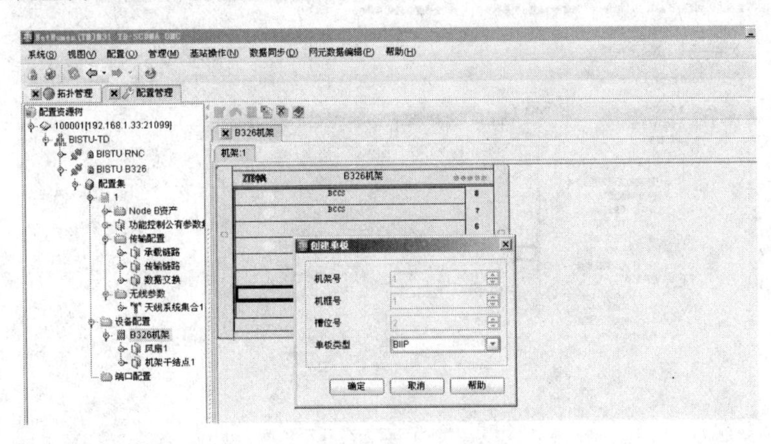

图 7.18 创建 BIIP 单板

1 号槽位配置为 TORM 单板，如图 7.19 所示。

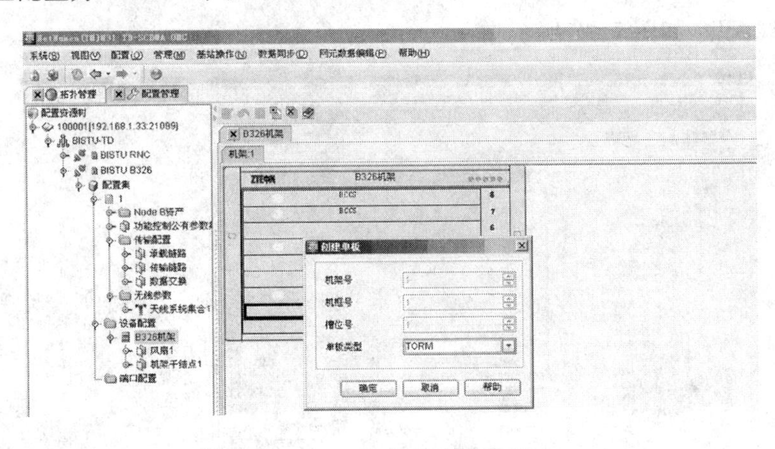

图 7.19 创建 TORM 单板

2. BIIP 配置

BIIP 配置中只进行插卡配置和 STM1 线配置。

插卡配置：分别添加槽位号 1，4，如图 7.20 和 7.21 所示。

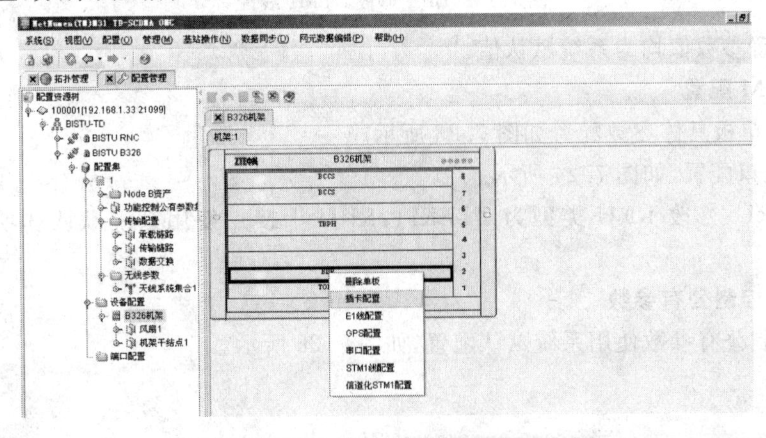

图 7.20 BIIP 单板插卡配置

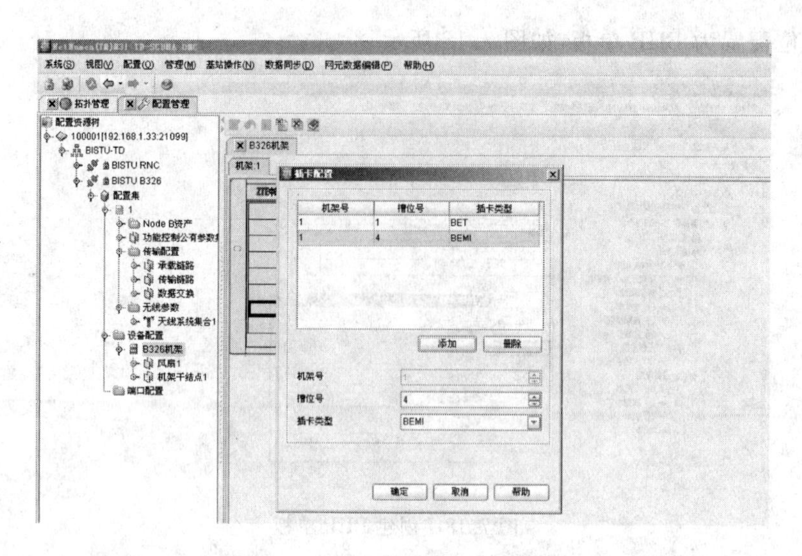

图 7.21　BIIP 单板插卡配置参数

STM1 线配置，如图 7.22 所示。

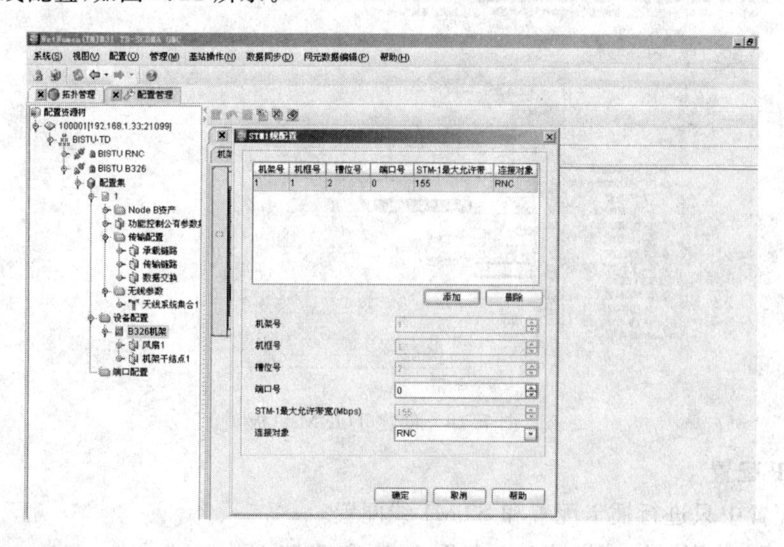

图 7.22　BIIP 单板 STM1 线配置

其余配置参数值均为系统默认值。

3. TORM 配置

TORM 单板具体参数配置如图 7.23 所示。

RRU 光口配置，如图 7.24 所示。

配置 RRU：修改 RRU 类型为 ZTER11，RRU 干接点使用系统默认选项，如图 7.25 所示。

4. 功能控制公有参数

功能控制公有参数使用系统默认配置，如图 7.26 所示。

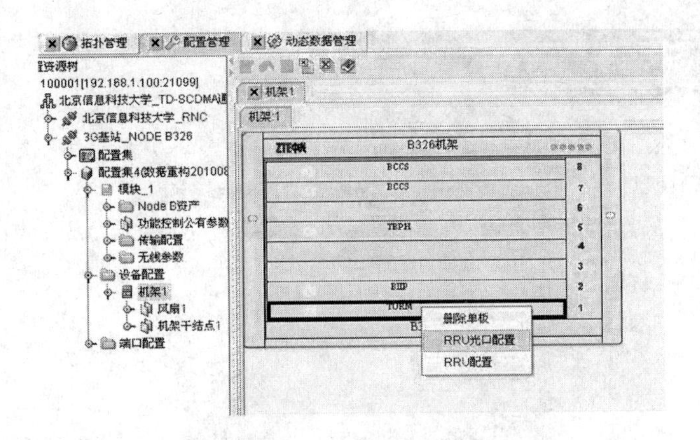

图 7.23　TORM 单板配置

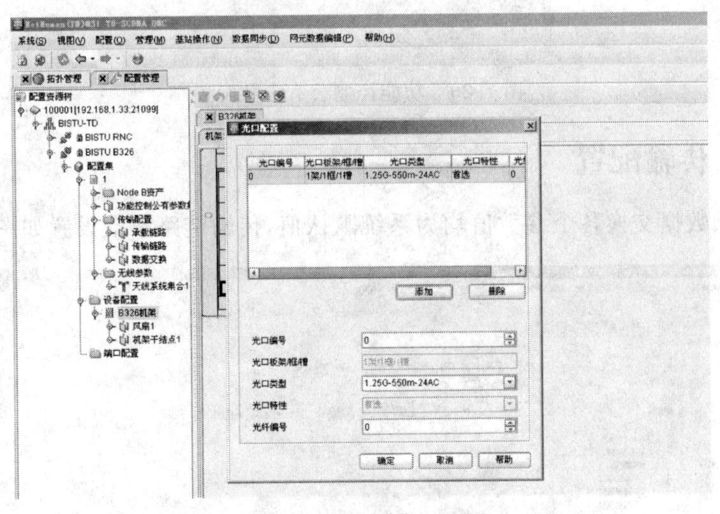

图 7.24　RRU 光口配置

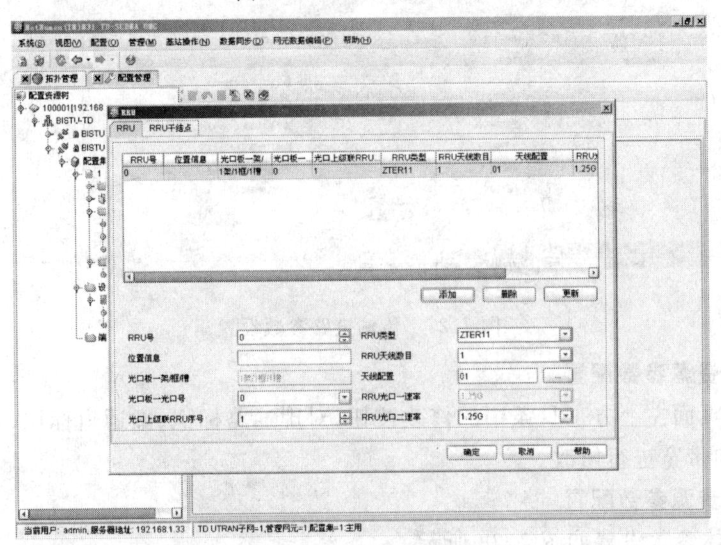

图 7.25　RRU 配置

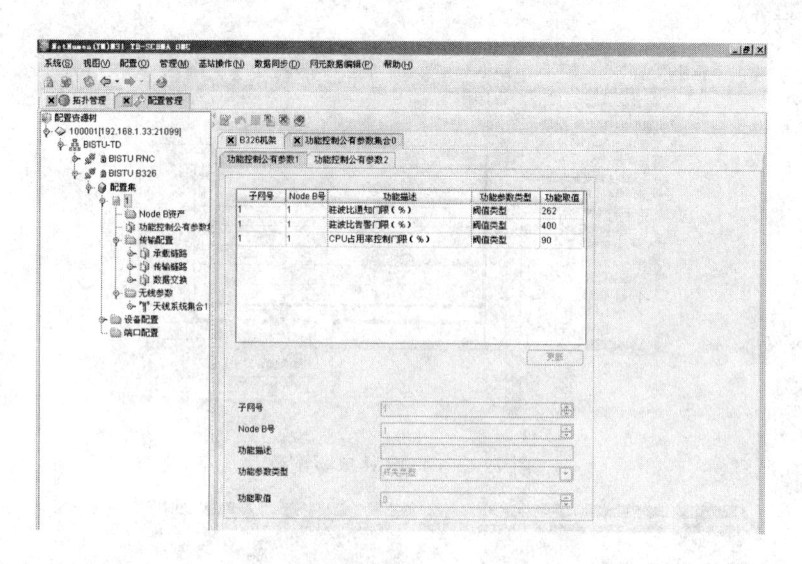

图 7.26　功能控制公有参数配置

7.4.5　传输配置

承载链路、数据交换各个参数值均为系统默认值，传输链路参数设置如图 7.27 所示。

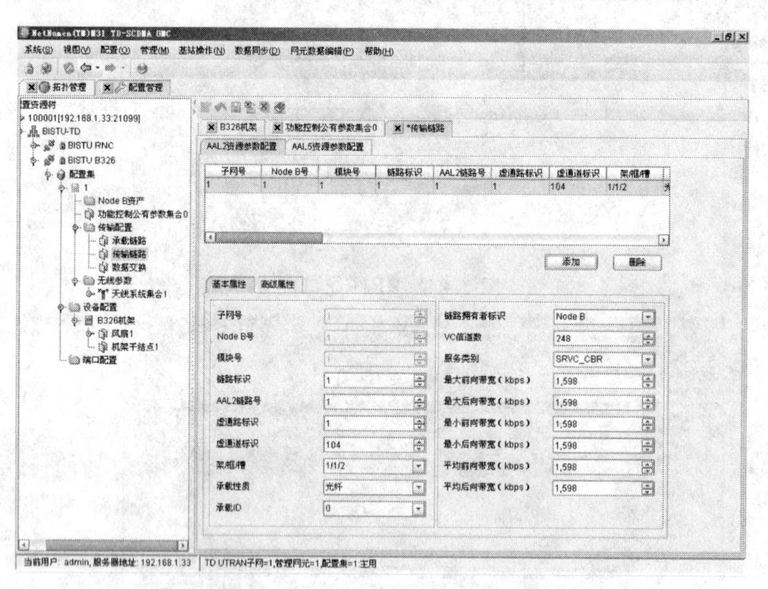

图 7.27　传输链路参数设置

1. AAL2 资源参数配置

单击配置页面左上方工具条中的修改按钮，对虚通路标识、虚通道标识、承载性质、平均前向、平均后向带宽进行修改。

2. AAL5 资源参数配置

AAL5 具体参数设置如图 7.28 所示。

分别修改虚通道标识为：101，102，103，最后单击[保存]，如图 7.29～7.31 所示。

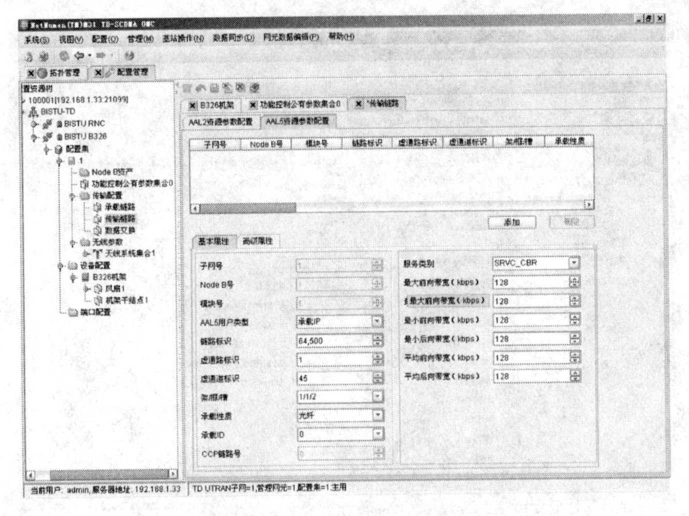

图 7.28　AAL5 参数配置 1

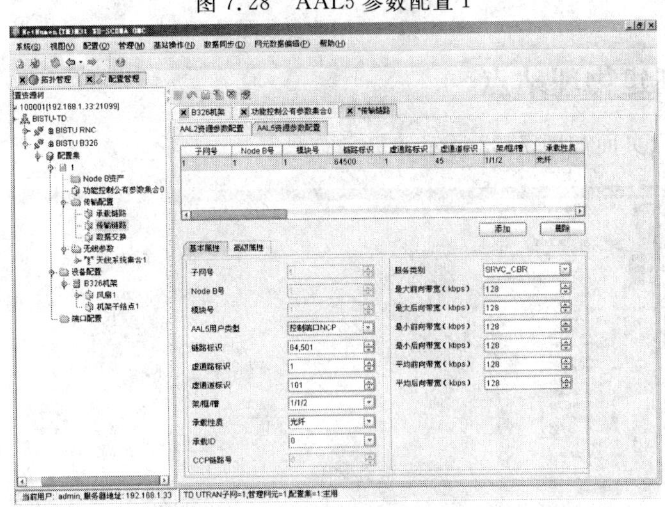

图 7.29　AAL5 参数配置 2

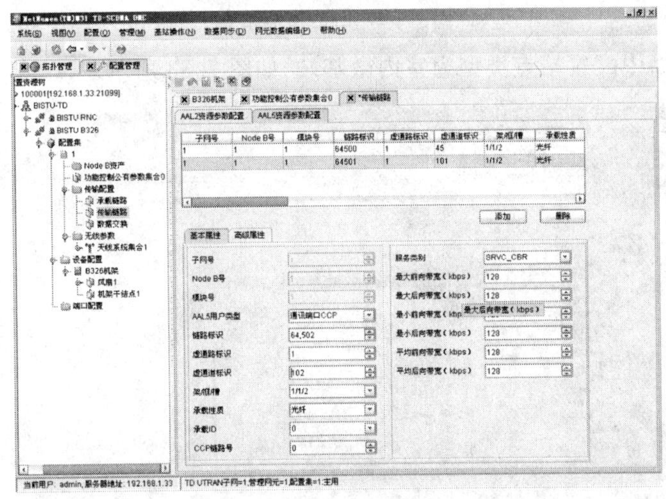

图 7.30　AAL5 参数配置 3

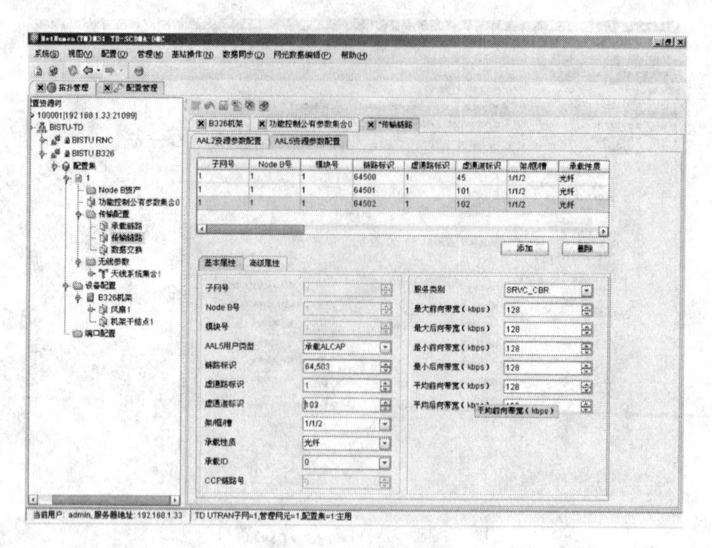

图 7.31　AAL5 参数配置 4

7.4.6　创建物理站点

创建物理站点页面如图 7.32 所示。

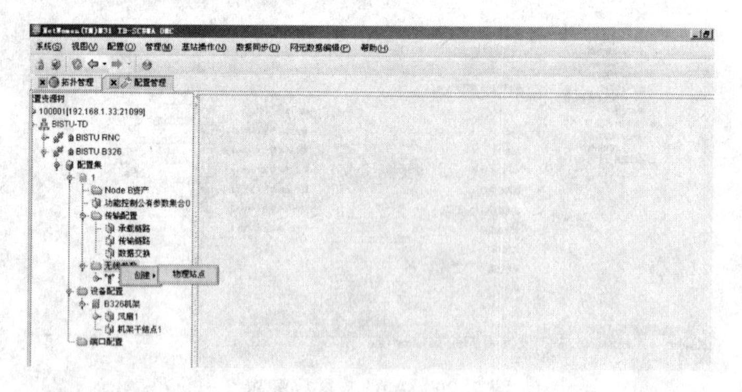

图 7.32　创建物理站点

创建站点页面中配置站点类型为室内微基站，如图 7.33 所示。

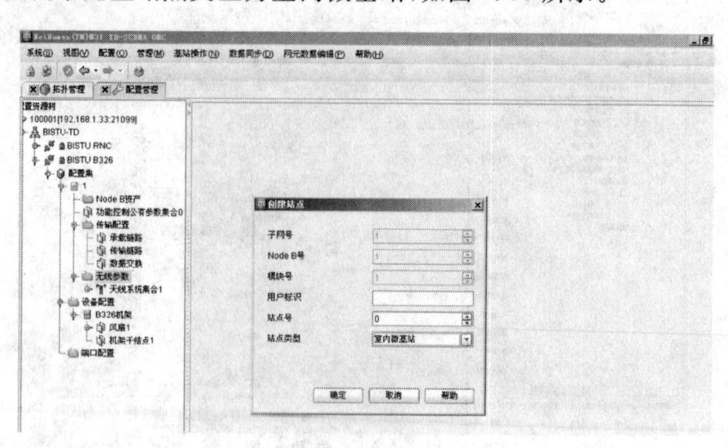

图 7.33　创建物理站点参数配置

天线系统集合配置，如图 7.34 所示。

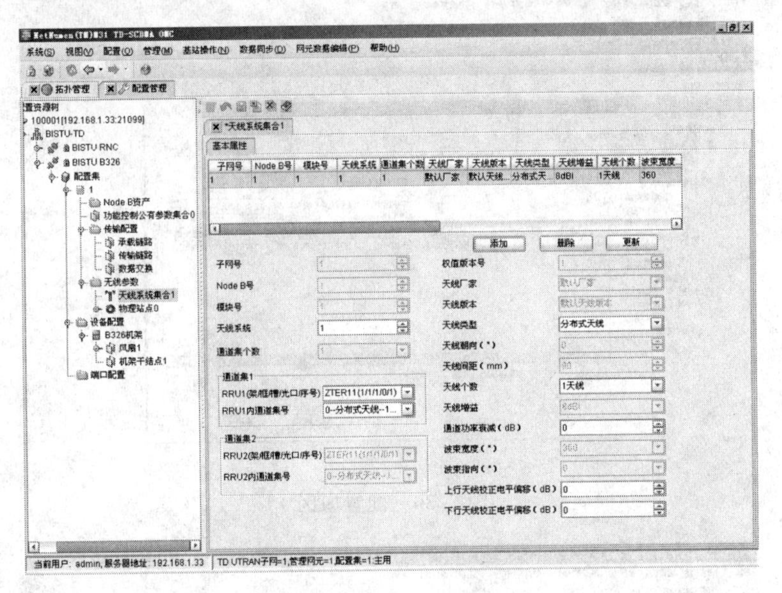

图 7.34　天线系统集合配置

7.4.7　创建扇区

创建扇区页面如图 7.35 所示。

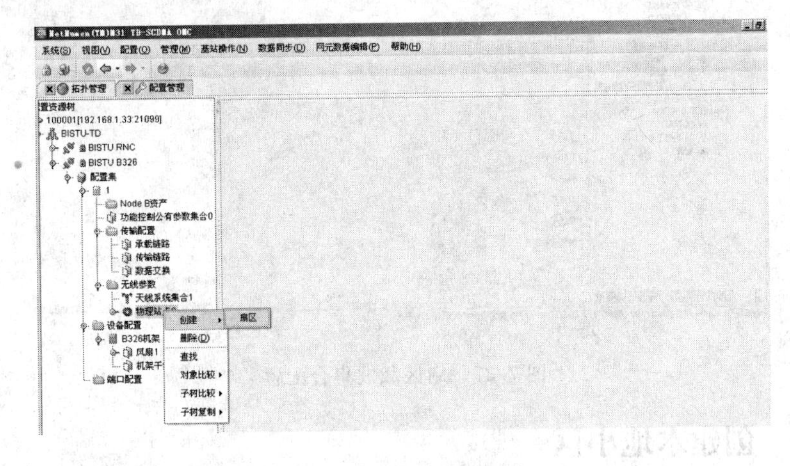

图 7.35　创建扇区页面

配置扇区，如图 7.36 所示。

配置扇区载波集合：单击修改，修改后统一保存。载波序号 1～5，如图 7.37 所示。

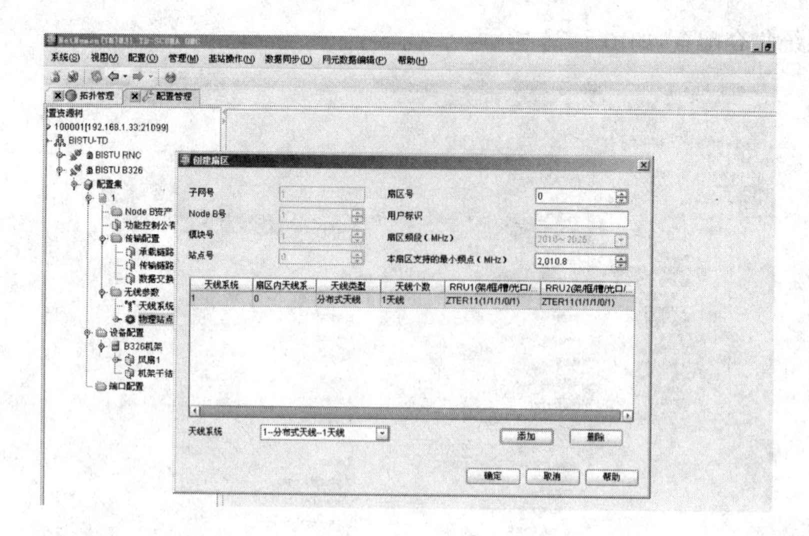

图 7.36　配置扇区

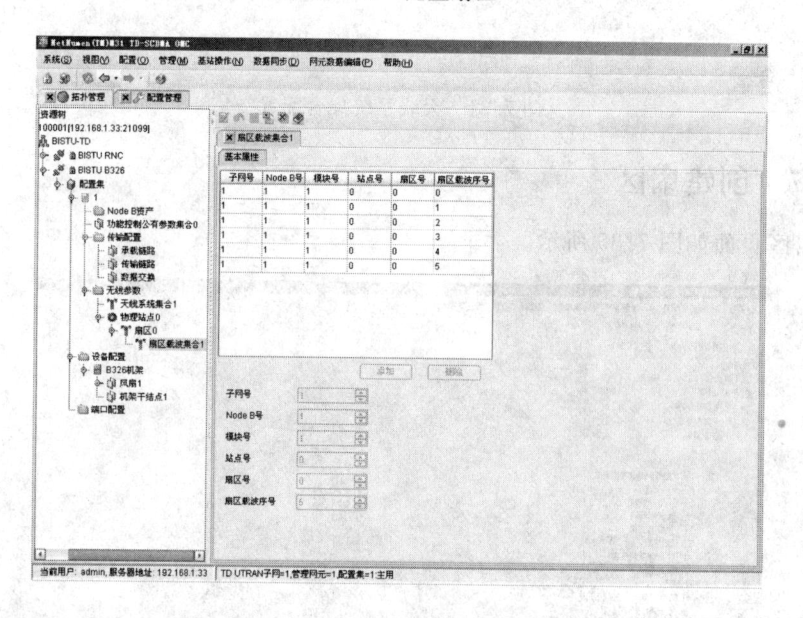

图 7.37　扇区载波集合配置

7.4.8　创建本地小区

创建本地小区页面如图 7.38 所示。

本地小区配置，如图 7.39 所示。

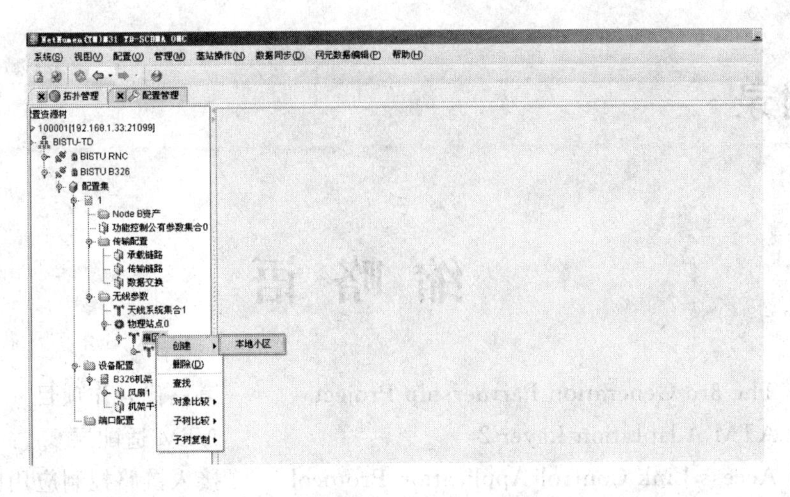

图 7.38 创建本地小区

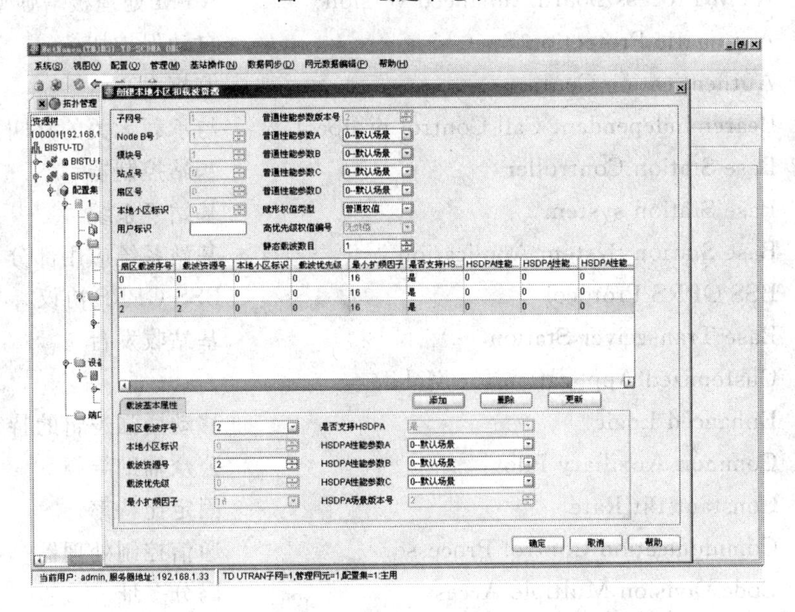

图 7.39 本地小区配置

附录

缩略语

3GPP	The 3rd Generation Partnership Project	第三代合作项目
AAL2	ATM Adaptation Layer 2	ATM 适配层 2
ALCAP	Access Link Control Application Protocol	接入链路控制应用协议
APBE	ATM Process Board Enhanced version	ATM 处理板增强型版本
APS	Automatic Protection Switching	自动保护切换
AUC	Authentication Center	鉴权中心
BICC	Bearer Independent Call Control protocol	与承载无关的呼叫控制协议
BSC	Base Station Controller	基站控制器
BSS	Base Station system	基站子系统
BSSAP	Base Station System Application	基站系统应用部分
BSSGP	BSS GPRS Protocol	BSS-GPRS 协议
BTS	Base Transceiver Station	基站收发台
CAMEL	Customized Application for Mobile Enhanced Logic	移动增强逻辑的特定用户应用
CAP	Common Auxiliary Pilot	公众辅助导频
CBR	Constant Bit Rate	固定比特率
CCP	Communication Control Processor	通信控制处理器
CDMA	Code Division Multiple Access	码分多址
CDMA2000	Code Division Multiple Access 2000	码分多址 2000
CHUB	Control Plane HUB	控制面互联板
CLKG	Clock Generator	时钟产生板
CMP	Chip multiprocessors	单芯片多处理器
CN	Core Network	核心网
COS	Communications-Oriented Software	面向通信的软件
CRC	Cyclic Redundancy Check	循环冗余码校验
CS	Circuit Switch	电路交换
CSTM	Control Synchronous Transfer Module	控制同步传输模块
VCI	Virtual Channel Identifier	虚通道标识
VPI	Virtual Path Identifier	虚通路标识
DB	Data Base	数据库

DECT	Digital Enhanced Cordless Telecommunications	数字增强无绳通信
DPCH	Dedicated Physical Channel	专用物理信道
DTB	Digital Trunk Board	数字中继板
EIR	Equipment Identity Register	设备标识寄存器
FDD	Frequency Division Duplexing	频分双工
FP	Function Processor	功能处理机
GGSN	Gateway GPRS Support Node	网关 GPRS 支持节点
GMSC	Gateway Mobile Switching Center	网关移动交换中心
GMT	Group Multiplexer Terminator	群复用器终端
GPRS	General Packet Radio Service	通用无线分组业务
GSN	GPRS Support Node	GPRS 支持节点
GTP	General Data Transfer Platform	通用数据传输平台
HLR	Home Location Register	归属位置寄存器
HSS	Home Subscriber Server	归属用户服务器
ICM	Incoming Call Management	来话呼叫管理
IMA	Interactive Multimedia Association	交互式多媒体协会
IMEI	International Mobile Equipment Identity	国际移动设备身份码
IMT-2000	International Mobile Telecom System-2000	国际移动电话系统-2000
ISDN	Integrated Services Digital Network	综合业务数字网
ISUP	ISDN User Part	ISDN 用户部分
ITU	International Telecommunication Union	国际电信联盟
ITU-R 2000	International Telecommunication Union	国际电信联盟
IWF	Inter Working Function	互通功能
IWMSC	Inter Working MSC	互联 MSC
MAC	Media Access Control	媒体接入控制
MAP	Mobile Application Part	移动应用部分
MBMS	Multimedia Broadcast Multicast Service	多媒体广播组播功能
MCC	Mobile Country Code	移动台国家码
MCC	Mobile Call Control	移动呼叫控制
ME	Mobile Equipment	移动设备
MGW	Media GateWay	媒体网关
MSC	Mobile Switching Center	移动交换中心
MTP3	Message Transfer Part Layer 3	3 层消息传送部分
NB	Network Bridge	网桥
NBAP	Node B Application Part	基站应用部分协议 Iu-B 信令协议栈中的协议
NDC	National Destination Code	国家地址代码
NNI	Network Node Interface	网络节点接口
NSAP	Network Service Access Point	网络服务接入点

NSVC	Network Service Virtual Connection	网络业务虚连接
OMC	Operation & Maintenance Center	操作维护中心
OMCB	Operation & Maintenance Center Base station	基站操作维护中心
OMCR	Operation & Maintenance Center Radio	无线子系统的操作维护中心
OMP	Operation & Maintenance Processor	运行维护处理器
PCCPCH	Primary Common Control Physical Channel	主公共控制物理信道
PCM	Pulse Code Modulation	脉冲编码调制
PCR	Peak Cell Rate	峰值信元率
PDCP	Packet Data Convergence Protocol	分组数据汇聚层协议
PDN	Packet Data Network	分组数据网
PLMN	Public Land Mobile Network	公共陆地移动网络
PS	Packet Switch	分组交换
PSPDN	Packet Switched Public Data Network	分组交换公用数据网
PSTN	Public Switched Telephone Network	公共交换电话网络
PVC	Private Virtual Channel	专用虚信道
QoS	Quality of Service	服务质量
RAN	Radio Access Network	无线接入网络
RANAP	Radio Access Network Application Part	无线接入网络应用部分
RLC	Radio Link Control	无线链路控制
RNC	Radio Network Controller	无线网络控制器
RNS	Radio Network Subsystem	无线网络子系统
RNSAP	Radio Network Subsystem Application Part	无线网络子系统应用部分协议
RRU	Regenerative Repeater Unit	再生中继单元
RSP	Real-time Simulation Platform	实时模拟平台
RTP	Rapid Transport Protocol	快速传送协议
RTP	Real-time Transport Protocol	实时传送协议
RUB	RNC User plane processing Board	RNC 用户面处理板
SCCP	Signaling Connection (and) Control Part	信令连接控制协议
SCP	Service Control Point	业务控制点
SCR	System Clock Reference	系统时钟基准
SCTP	Stream Control Transmission Protocol	流控制传输协议
SDH	Synchronous Digital Hierarchy	同步数字系列
SGSN	Serving GPRS Support Node	服务 GPRS 支持节点
SGW	Signaling Gate Way	信令网关
SIM	Subscriber Identity Module	客户识别模块
SLC	Signaling Link Code	信令链路码
SLC	Subscriber Line Circuit	用户线电路
SLC	Subscriber Line Controller	用户线控制器
SLC	Subscriber Loop Carrier	用户环路载波

SMP	Symmetric Multi-Processing	对称多处理结构
SNTP	Simple Network Time Protocol	简单网络时间协议
SONET	Synchronous Optical NET work	同步光纤网
SPC	Signaling Point Code	信令点代码
SRNS	Serving RNS	服务 RNS
STM-1	Synchronous Transfer Module	同步传输模块
TC	Trunk Circuit	中继电路
TCP/IP	Transmission Control Protocol/Internet Protocol	传输控制协议/因特网互联协议
TDD	Time Division Duplexing	时分双工
TDMA	Time Division Multiple Access	时分多址
TD-SCDMA	Time Division-Synchronous Code Division Multiple Access	时分同步码分多址
TUP	Technology，User Experience，Product	技术用户体验产品
UDP	User Datagram Protocol	用户数据报协议
UE	User Experience	用户体验
UIMC	Universal Interface Module of Control	控制面通用接口模块
UIMU	Universal Interface Module of User	用户面通用接口模块
UMTS	Universal Mobile Telecommunications System	通用移动通信系统
UNI	User Network Interface	用户网络接口
USIM	Universal Subscriber Identity Module	全球用户识别卡
UTRAN	UMTS Terrestrial Radio Access Network	UMTS 陆地无线接入网
UWC	Universal Wireless Communication	通用无线通信
VC	Virtual Channel	虚信道
VLR	Visitor Location Register	拜访位置寄存器
VP	Virtual Path	虚通路
WCDMA	Wideband Code Division Multiple Access	宽带 CDMA

参考文献

[1] 中兴通讯. TD-SCDMA 移动通信技术.

[2] 中兴通讯. TD-SCDMA 技术设备与调测实习手册.

[3] 黄一平. TD-SCDMA 基站运行与维护. 北京:科学出版社,2010.

[4] TD-SCDMA 系统组建、维护及管理. 北京:人民邮电出版社,2010.

[5] 啜钢,王文博,常永宇,等. 移动通信原理与系统(第 2 版). 北京:北京邮电大学出版社,2009.

[6] 李建东,郭梯云,邬国扬. 移动通信(第 4 版). 西安:西安电子科技大学出版社,2006.